住房和城乡建设部"十四五"规划教材

高等学校土木工程专业创新型人才培养系列教材

大学生结构设计竞赛参考用书

结构模型概念与试验

陈庆军　季　静　主编

中国建筑工业出版社

图书在版编目（CIP）数据

结构模型概念与试验 / 陈庆军，季静主编 . —北京：中国建筑工业出版社，2022.12
住房和城乡建设部"十四五"规划教材　高等学校土木工程专业创新型人才培养系列教材　大学生结构设计竞赛参考用书
ISBN 978-7-112-28111-4

Ⅰ.①结… Ⅱ.①陈… ②季… Ⅲ.①建筑结构—模型试验—高等学校—教材 Ⅳ.① TU317

中国版本图书馆 CIP 数据核字（2022）第 201125 号

近年来，大学生结构模型设计竞赛在我国各高校中得到了重视和发展。结构设计竞赛突破传统书本教学的纯理论教育，强调实践动手能力，受到众多学生的青睐。本书基于"结构模型概念与试验"这门课程，讲解了完成结构模型竞赛所需要的相关知识，包括结构基本概念、结构模型分析、模型制作、模型试验项目、模型试验及结果分析、国内外结构设计竞赛简介，附录还列举了该课程教学大纲、成绩评分标准、试验项目安全评估备案表、实验室守则、报告撰写模板和范例等。

本书可供高校土木工程专业本科生教学使用，也可作为大学生结构设计竞赛的参赛指导教程。

为便于课堂教学，本书制备了教学课件，请选用此教材的教师通过以下方式获取课件：邮箱：jckj@cabp.com.cn；电话：（010）58337285；建工书院：http://edu.cabplink.com。

责任编辑：赵　莉　吉万旺
责任校对：张惠雯

住房和城乡建设部"十四五"规划教材
高等学校土木工程专业创新型人才培养系列教材
大学生结构设计竞赛参考用书

结构模型概念与试验

陈庆军　季　静　主编

*

中国建筑工业出版社出版、发行（北京海淀三里河路 9 号）
各地新华书店、建筑书店经销
北京海视强森文化传媒有限公司制版
北京君升印刷有限公司印刷

*

开本：787 毫米 ×1092 毫米　1/16　印张：14　字数：281 千字
2023 年 1 月第一版　2023 年 1 月第一次印刷
定价：**42.00** 元（赠教师课件及配套数字资源）
ISBN 978-7-112-28111-4
（40168）

出版说明

党和国家高度重视教材建设。2016 年，中办国办印发了《关于加强和改进新形势下大中小学教材建设的意见》，提出要健全国家教材制度。2019 年12 月，教育部牵头制定了《普通高等学校教材管理办法》和《职业院校教材管理办法》，旨在全面加强党的领导，切实提高教材建设的科学化水平，打造精品教材。住房和城乡建设部历来重视土建类学科专业教材建设，从"九五"开始组织部级规划教材立项工作，经过近 30 年的不断建设，规划教材提升了住房和城乡建设行业教材质量和认可度，出版了一系列精品教材，有效促进了行业部门引导专业教育，推动了行业高质量发展。

为进一步加强高等教育、职业教育住房和城乡建设领域学科专业教材建设工作，提高住房和城乡建设行业人才培养质量，2020 年 12 月，住房和城乡建设部办公厅印发《关于申报高等教育职业教育住房和城乡建设领域学科专业"十四五"规划教材的通知》（建办人函〔2020〕656 号），开展了住房和城乡建设部"十四五"规划教材选题的申报工作。经过专家评审和部人事司审核，512 项选题列入住房和城乡建设领域学科专业"十四五"规划教材（简称规划教材）。2021 年 9 月，住房和城乡建设部印发了《高等教育职业教育住房和城乡建设领域学科专业"十四五"规划教材选题的通知》（建人函〔2021〕36 号）。为做好"十四五"规划教材的编写、审核、出版等工作，《通知》要求：（1）规划教材的编著者应依据《住房和城乡建设领域学科专业"十四五"规划教材申请书》（简称《申请书》）中的立项目标、申报依据、工作安排及进度，按时编写出高质量的教材；（2）规划教材编著者所在单位应履行《申请书》中的学校保证计划实施的主要条件，支持编著者按计划完成书稿编写工作；（3）高等学校土建类专业课程教材与教学资源专家委员会、全国住房和城乡建设职业教育教学指导委员会、住房和城乡建设部中等职业教育专业指导委员会应做好规划教材的指导、协调和审稿等工作，保证编写质量；（4）规划教材出版单位应积极配合，做好编辑、出版、发行等工作；（5）规划教材封面和书脊应标注"住房和城乡建设部'十四五'规划教材"字样和统一标识；（6）规划教材应在"十四五"期间完成出版，逾期不能完成的，不再作为《住房和城乡建设领域学科专业"十四五"规划教材》。

住房和城乡建设领域学科专业"十四五"规划教材的特点：一是重点以修订教育部、住房和城乡建设部"十二五""十三五"规划教材为主；二是严格按照专业标准规范要求编写，体现新发展理念；三是系列教材具有明显特点，满足不同层次和类型的学校专业教学要求；四是配备了数字资源，适应现代化教学的要求。规划教材的出版凝聚了作者、主审及编辑的心血，得到了有关院校、出版单位的大力支持，教材建设管理过程有严格保障。希望广大院校及各专业师生在选用、使用过程中，对规划教材的编写、出版质量进行反馈，以促进规划教材建设质量不断提高。

住房和城乡建设部"十四五"规划教材办公室

2021 年 11 月

前言

创新型人才是当今世界最重要的战略资源。大力培养创新型人才，已成为各国实现经济快速发展、科技进步和国际竞争力提升的重要战略举措。创新型人才的培养与高等学校的创新教育是密不可分的。而我国传统教育模式主要是以"知识传授"为主，为加快培养创新型人才，理工科专业的课程体系中迫切需要开设训练学生创新创造能力的相关课程。

近20年来，大学生结构设计竞赛活动得到了众多土木工程学生的喜爱，吸引了众多学生参与。竞赛要求学生通过制作模型去抵抗静载、动载、地震、风载等。参赛队员需亲手制作构件、节点和结构，并进行结构试验，此过程中他们对结构体系、施工、优化等都有了比较清晰的认识。本教学团队曾带队参加过迄今为止全部的14届全国大学生结构设计竞赛，指导学生获得了7次全国大学生结构设计竞赛一等奖的好成绩，并有两位教师荣获全国大学生结构设计竞赛突出贡献奖。在此过程中，本团队发现结构设计竞赛可有效地培养学生的创新能力、动手能力、团队精神等综合素质。但此竞赛的受众面尚不够广泛，未受到重视，很多学生没有进行深入地思考及结构的优化。

鉴于以上背景，华南理工大学于2013年开设了"结构模型概念与试验"创新型课程，将结构设计竞赛升华到第一课堂中，力求让更多同学受益。经过近10年的探索实践，本团队积累了大量的教学资源，建立了配套的课程教学网站，并就本课程及相关的结构竞赛发表了教研论文，取得了一系列教学成果。课程获批了华南理工大学第一批探究式课程校级教学研究项目，并于2020年获批广东省线下一流课程。课程研究成果"土木工程创新型课程'结构模型概念与试验'的探索"获得了第八届华南理工大学教学成果一等奖，并作为本学院教学成果"以工程教育认证为驱动的土木工程一流本科专业建设"的重要组成部分，获得了 2019 年广东省教学成果特等奖。

课程的教学以建构主义学习理论为指导，确立了以学生为主体的教学思想。通过任务驱动教学、案例分析教学、研讨式教学等教学方法对人才进行培养，这与新工科思想及国际工程教育认证思想所倡导的具有创新能力、综合能力和工程实践能力的人才培养思路高度契合。课程使学生将理论与实际密切结合，有效解决了传统教学中学生重理论轻试验、重结果轻过程、重个体轻合作等突出问题，有效地提高学生分析与解决问题的能力。

由于此课程教学包括了理论、分析、制作、试验等诸多内容，很难找到与本课程完全契合的教材，因而在采用了多年自编讲义之后，本团队萌发了编写相关教材的思路，并于 2 年前开始了策划和撰写。教材讲解结构模型竞赛所需要的相关知识，包括基本的结构概念及结构形式、SAP2000 结构模型分析案例、模型制作相关知识、模型静动载试验项目、模型试验相关知识，并通过国内外结构设计竞赛及若干届全国学生结构设计竞赛作品介绍，拓展思维及视野。

参与编写工作的有陈庆军（负责第 1、2、4、6 章）、季静（负责第 1、6 章）、何文辉（负责第 3 章）、刘慕广（负责第 4 章及第 5 章部分内容）、韦锋（负责第 4 章及第 5 章部分内容）、赵小芹（负责第 2 章及第 6 章部分内容）。全书由华南理工大学王湛教授主审。参与编写的还有研究生黄国贤、陈奕年、李名铠、曾衍衍、叶凌波、雷浚、李云龙、何永鹏、姚妙金以及本科生张雨圻、尹美珊、赵学俊，还有结构协会的同学们，在此一并感谢。

为方便读者使用本书，对于书中计算分析例题，作者录制了相应的教学视频，读者可进行辅助学习。

本书可供高等院校土木工程专业本科生使用，也可作为大学生结构设计竞赛的参赛指导教程。

本书的编写和出版得到了华南理工大学教务处、华南理工大学土木与交通学院、中国建筑工业出版社、全国大学生结构设计竞赛委员会的大力支持，张雁老师和王幼松老师提供了多幅精美图片，上海交通大学宋晓冰老师和浙江大学丁元新老师对本书提出了宝贵意见，在此谨表示衷心的感谢！

由于结构模型竞赛发展速度迅猛、模型制作工艺也各有千秋，限于水平，书中难免有不妥和遗漏之处，欢迎批评指正。

目录

第 1 章　结构基本概念　　001

1.1　概述　　002
1.2　基本概念　　002
  1.2.1　结构、构件及节点　　002
  1.2.2　作用或荷载　　004
  1.2.3　变形和内力　　004
  1.2.4　应力和强度　　006
  1.2.5　刚度　　007
  1.2.6　稳定性　　009
  1.2.7　模型、试验、结构模型试验　　010
1.3　常见的结构形式　　012
  1.3.1　结构分类　　012
  1.3.2　桁架　　012
  1.3.3　刚架　　014
  1.3.4　拱　　015
  1.3.5　受拉结构和充气结构　　018
  1.3.6　身边的其他结构　　020

第 2 章　结构模型分析　　023

2.1　基本概念　　024
  2.1.1　受拉绳索问题　　024
  2.1.2　受压杆件问题　　024
  2.1.3　复杂结构分析问题　　025
2.2　Truss me！桁架建造软件　　026
2.3　Bridge Designer 桥梁仿真竞赛　　027
2.4　SAP2000 结构分析　　032
  2.4.1　内置算例　　032
  2.4.2　简支梁分析　　034
  2.4.3　平面桁架结构分析　　044
  2.4.4　空间桁架结构分析　　056
  2.4.5　多工况组合分析　　063
  2.4.6　框架结构稳定性分析　　068
  2.4.7　移动荷载计算分析　　076
  2.4.8　结构时程分析　　085
  2.4.9　导入 AutoCAD 模型的分析　　103
  2.4.10　相关问题　　110
2.5　结构优化简述　　112

第3章　模型制作　　117

3.1　材料及工具　118
　3.1.1　原材料　118
　3.1.2　黏结材料　120
　3.1.3　工具　120
3.2　竹材杆件的制作　121
　3.2.1　竹皮的处理　121
　3.2.2　矩形截面杆　122
　3.2.3　三角形截面杆　124
　3.2.4　T形杆　125
　3.2.5　竹条方形杆件　125
　3.2.6　拉带　126
3.3　竹材杆件的拼接　127
　3.3.1　长杆件拼接　127
　3.3.2　复杂空间节点的拼接　128
3.4　桐木条杆件　129
　3.4.1　桐木条杆件的制作　129
　3.4.2　桐木条杆件的拼接　129
3.5　杆件力学性能试验　130
3.6　3D打印和参数化建模简介　133

第4章　模型试验项目　　139

4.1　小型趣味模型试验　140
4.2　承受静力荷载的塔式起重机模型结构试验　140
　4.2.1　概述　140
　4.2.2　模型要求　141
　4.2.3　加载与测量　142
　4.2.4　模型材料　142
　4.2.5　试验规程及加载测试步骤　143
　4.2.6　加载表现评分　144
4.3　承受静力荷载的厂房龙门架结构　144
　4.3.1　模型要求　144
　4.3.2　加载与测量　145
　4.3.3　制作材料及评分标准　145
4.4　顶部带集中质量的结构振动台试验　146
　4.4.1　试验模型　146
　4.4.2　模型要求　147

4.4.3　加载设备介绍　147

4.4.4　加载与测量　149

4.4.5　试验规程及加载测试步骤　150

4.4.6　总分构成　151

4.5　风洞模型试验　151

4.5.1　模型要求　152

4.5.2　试验设备及试验内容　153

第 5 章　模型试验及结果分析　155

5.1　静载试验　156

5.1.1　试验前准备　156

5.1.2　应变片粘贴　157

5.1.3　模型安装及加载　157

5.1.4　模型试验结果数据分析　158

5.2　动载试验——小型振动台试验　159

5.2.1　试验前准备　159

5.2.2　模型安装及加载　160

5.2.3　模型试验结果数据分析　160

5.3　动载试验——风洞试验　162

5.3.1　模型安装及试验　162

5.3.2　模型试验结果分析　162

5.4　小结　165

第 6 章　国内外结构设计竞赛简介　167

6.1　国内大学生结构设计竞赛简介　168

6.1.1　概述　168

6.1.2　第一届全国大学生结构设计竞赛　170

6.1.3　第二届全国大学生结构设计竞赛　173

6.1.4　第三届全国大学生结构设计竞赛　175

6.1.5　第十二届全国大学生结构设计竞赛　178

6.2　国外结构竞赛　183

6.2.1　ASCE/AISC 学生钢桥竞赛（SSBC）　183

6.2.2　ASCE 混凝土轻舟赛（NCCC）　184

6.2.3　美国抗震设计竞赛（SDC）　185

6.2.4　PCI 钢筋混凝土大梁竞赛　186

6.2.5　意粉结构竞赛　186

6.2.6　阿拉斯加冰拱竞赛　187

   6.2.7   瑞典查尔姆斯理工大学的木桥竞赛   187

6.3   国内外结构竞赛的对比探索   188

6.4   结语   189

附录   191

附录 1   《结构模型概念与试验》课程教学大纲   192

附录 2   成绩评分标准   199

附录 3   试验项目安全评估备案表   201

附录 4   实验室守则   203

附录 5   报告撰写模板   204

附录 6   报告范例   209

参考文献   210

第 1 章

结构基本概念

1.1 概述

近 20 年来大学生结构模型设计竞赛在我国各高校中得到了重视和发展。清华大学是我国较早举办结构模型设计竞赛的高校，1994 年清华大学土木工程系举办了第一届结构设计大赛，当时的题目源起于清华大学的一座观赏性小桥——"莲桥"的建造。同济大学、浙江大学、西南交通大学及华南理工大学等高校亦在 2000 年前后开启了此类赛事。结构设计竞赛突破传统书本教学的纯理论教育，强调实践动手能力，受到众多学生的青睐。

在校内竞赛的基础上，该赛事逐步拓展至省级赛、地区赛和全国赛。全国大学生结构设计竞赛是目前国内土木工程领域极具影响力的大学生科技创新活动赛事。赛事目的是多方面培养大学生的创新思维和实际动手能力，培养团队精神，增强大学生的工程结构设计与实践能力，丰富校园学术氛围，促进各高校大学生相互交流与学习。第一届全国大学生结构设计竞赛于 2005 年在浙江大学举办，是由教育部高等教育司、中国土木工程学会联合主办。全国赛至今已开展了十几届，影响力越来越大，参加的高校越来越多，甚至包括一些境外高校。关于国内外结构大赛的详细介绍，可参见本书第 6 章。

在结构模型竞赛中，学生需经历从阅读赛题、设计方案、模型制作、模型试验到优化改进的整个过程，个人能力将得到全方位的训练。在此基础上开设的结构模型课程，也具备类似的学生能力培养效果。本书内容涉及结构模型试验的各方面内容，力求引导即将参与竞赛或对此感兴趣的同学能完成模型设计、建造和加载的全过程。

1.2 基本概念

1.2.1 结构、构件及节点

在许多领域都会遇见"结构"这个词。比如宇宙结构、原子结构、社会结构、建筑结构等，似乎万千世界的许多事物都与此有关联，其范围非常广泛。在土木工程中，也存在房屋结构、桥梁结构等词语。那为何表面毫不相干的事物都用了同一名词——结构？其定义是什么？

《辞海》中提到，"结构"是与"功能"相对的词。是系统内各组成要素之间的相互联系、相互作用的方式。是系统组织化、有序化的重要标志。可见结构强调了系统（整体）与各要素（个体）之间的关系。比如宇宙是由星系或星体组成；原子由中子、质子、电子组成；而它们之间还存在着各种影响内部相互联系的物理规律。

土木工程中的"结构"，在《工程结构设计基本术语标准》GB/T 50083—2014中如此定义："能承受和传递作用并具有适当刚度的由各连接部件组合而成的整体，俗称承重骨架"。如房屋建筑结构中，就存在着梁、板、柱等形态较为单一的部件，这些被称为"构件"。而构件相互连接的部位，就称为节点。节点根据其力学特性，又可分为铰接、刚接、柔性连接等几种类型；其中铰接能传递竖向力和水平力而不能传递弯矩，容许构件自由转动，而刚接和半刚接则不能自由转动。比如人体的骨骼就是一个结构，它由各种骨头组成。骨头就是构件，骨头间的关节就如同工程结构中的节点，有些可自由转动，类似铰接点，而有些无法正常自由转动的，就类似刚性节点或者柔性连接。

初学土木工程的同学，不太清楚建筑和结构两个专业的区别。广州中轴线上有不少精美的建筑物，西塔就是其中之一。大家从外部看到的由玻璃幕墙组成的美丽西塔（图 1-1a），是建筑师设计出来的效果。建筑师除设计美丽的外观，还需设计内部的各种功能分区。但对于结构工程师，他们更关心的是西塔的内部受力结构：斜交网格结构（图 1-1b）。结构工程师设计它的整个受力体系（承重骨架），保证大楼的安全可靠。如果用人来类比，建筑就如一个人的外观（图 1-2a），光鲜亮丽，

（a）建筑图　　　　　　　（b）结构图　　　　　　　（a）外观　　　　（b）骨骼

图 1-1　西塔的建筑和结构　　　　　　　　　　图 1-2　人的外观和骨骼

但是他也得依靠骨骼系统这个结构，没有骨骼（图1-2b），人可能就站立不起来了。结构工程师可能没有建筑师那么出名，但却承担着确保整个建筑物安全的责任，需要有非常认真负责的职业精神。

至此大家可能对结构有一点兴趣了，但如何设计结构并保证其安全性能呢？比如一栋建筑物在服役的过程中，需承受各种人流和家具的重量，承受风吹雨打，还可能会遭遇地震。为了结构的安全，还需要再掌握如荷载、内力、强度、刚度、稳定性等结构知识。

1.2.2 作用或荷载

结构物在服役的过程中常常会由于各种外来因素导致自身产生各种效应，如内力、应力、位移、应变、裂缝等。这些使得结构或构件产生效应的各种原因，称为结构上的作用。有些作用是体现为施加在结构的力（集中或者分布力），如结构的自重（恒荷载）、楼面活荷载、风荷载、雪荷载等（图1-3），这种直接作用称为荷载。但也有一些作

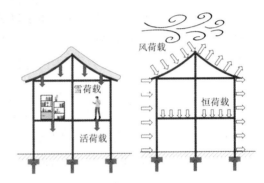

图 1-3 房屋建筑中的常见荷载

用并不直接以外加力的形式施加在结构上，例如温度变形、地基变形、混凝土收缩徐变、地震作用等，这种经常称之为间接作用。施加在结构上的集中力或分布力和引起结构外加变形或约束变形的原因总称为作用，前者也称为直接作用或荷载，后者也称为间接作用。为方便叙述，本书以后各章涉及的作用，除温度作用、地震作用称作"作用"外，其余作用称为"荷载"。

1.2.3 变形和内力

各种实际的工程材料，都不是完美的刚体，在荷载作用下都会发生变形（比如物体尺寸的改变和形状的改变）。那么此时其内部各质点间的相对位置会发生变化，从而质点间的相互作用力也会发生改变。这个由于受到外力作用而引起的物体内部的相互作用力，就是内力。而相对的位置发生的变化，也就形成了变形。

如图 1-4 所示，如果用双手拉扯弹力绳，它的内部就会产生拉力，会变长；用力拉门把手或者用手推门，也都能直观感受到压力和拉力。这些外部因素在结构上就产生了相应的内部效应——拉压力及变形。

图 1-4 拉力和压力的实际例子

工程结构或模型中的构件许多是以杆件的形式存在，也同样由于荷载的作用存在着各种变形，从而产生各种内力。外力虽然是多种多样，变形也是多种多样的，但是变形类型可归结为以下 4 种变形——拉压轴向变形、弯曲变形、剪切变形、扭转变形，以及这 4 种变形的组合，图 1-5 以直杆为例展示这几种变形。

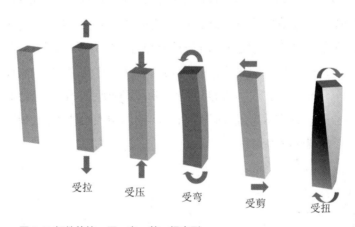

受拉　　受压　　受弯　　受剪　　受扭

图 1-5 杆件的拉、压、弯、剪、扭变形

大家也可通过生活中常见的珍珠棉来感受这几种变形，如图 1-6 所示。

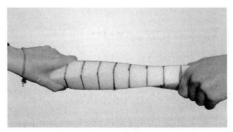

图 1-6 珍珠棉构件展示的受力变形

1.2.4 应力和强度

日常生活中，经常可见物体由于受到外力作用，发生了破坏。如扁担挑太重的东西而被折断，绳子挂太重的东西而被拉断，这是什么原因导致的呢？

大家以前学过压强的概念，力除以其所作用的面积就是压强。根据《辞海》的解释，材料的强度是指材料或构件受力时抵抗破坏的能力，通常指构件材料不发生破裂或过量的塑性变形的极限应力。材料的强度可用其极限应力值（如屈服极限、强度极限和持久极限等）来表示。构件的承载力则取决于它的形状、尺寸和所选用的材料及加工工艺等。在工程设计中，要求保证各个构件有足够的承载力。

材料力学课程告诉我们，材料的破坏是很复杂的，可用强度理论来解释。强度理论也有多种。其中第一强度理论为：当物体达到强度极限值时，构件就将发生破坏。该理论适用于脆性材料。对于模型试验常用的材料，若先不深究，可近似地应用此理论。

对于受到拉力或者压力的构件（图1-7a、b），内部会产生均匀的应力分布，此时可简单地认为，在达到材料强度极限的时候，构件被拉断或者压坏。但是有些构件中会同时存在受拉和受压现象，梁就是此类构件中最主要的一种（图1-7c）。古人较早就能计算受拉和受压的短柱，但是对于受弯构件分析，却经历了漫长的岁月。早期的工匠，都是采用经验值来预计受弯梁的尺寸，直到伽利略才开始采用力学理论来分析梁，得到与近代材料力学接近的结果，但他假定梁的全截面均为受拉，因此结果还不够准确。直到后来经过伯努利、欧拉、纳维、圣维南、铁摩辛柯等人的不断努力，才形成现代梁理论。

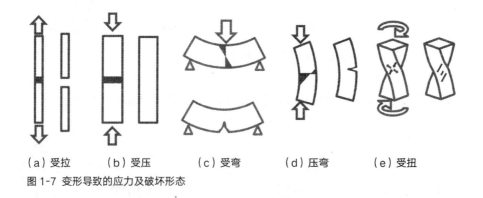

(a) 受拉　　　(b) 受压　　　(c) 受弯　　　(d) 压弯　　　(e) 受扭

图1-7 变形导致的应力及破坏形态

图1-6中的珍珠棉受弯梁显示，在受到弯矩之后，梁的上部垂直线段间的距离缩短，内部产生压力，而下部垂直线段间的距离却伸长，内部产生拉力。在梁高度中间存在着一根线，梁在此线上不产生拉力也不产生压力。这条居中的水平线称为

梁的中性轴。同时也可见，在梁侧面的垂直方向直线，在变形后仍然保持着直线的形状，这被称为平截面假定（也称伯努利假定）。根据此假定，可得梁中应力分布情况，如图 1-7（c）所示。对于压力和受弯组合而成的压弯构件，则会形成叠加的受力形态，如图 1-7（d）所示。对于受扭构件，则出现图 1-7（e）的应力和破坏形态。

1.2.5 刚度

一根底部固定的钢尺，在垂直于厚度的方向上，被轻轻一推就出现明显的弯曲变形。但假如将力转动 90° 来推，会发现根本就没有变形。同一物体在不同方向的变形差异很大，原因何在？

此问题困扰工程界许多年，直到伽利略等科学家的持续研究之后，才形成一套研究变形体的力学学科——材料力学，揭示刚度的科学意义。

刚度是指结构物或构件等在受载时抵抗横向变形的能力。刚度大则变形小。结构物或构件根据其工作情况对刚度具有一定的要求，以免在荷载作用下产生超过规定的变形。刚度的大小决定于构件的形状、尺寸和所选用的材料等。

在材料力学中，截面的抗弯刚度可用 EI 来描述，其中 E 是材料的弹性模量，I 是截面的惯性矩。对于任意截面，关于形心轴的截面惯性矩 I 的定义是 $\int_A y^2 \mathrm{d}A$，其中 y 是截面上某个区域到中性轴的距离。可见这其中涉及微积分，因而古人很难精确理解其原理。惯性矩 I 的定义表明，对于某一截面，形心轴附近的材料起的作用较小（y 较小），而远离形心轴位置的材料可发挥更大作用从而使得 I 得到提高。为更有效地利用材料，可将靠近形心轴的部分材料，移到远离形心轴的位置。对于相同面积的材料，若是材料离形心轴向外扩展得越开，截面的惯性矩 I 就会越大，从而就可提高抗弯刚度 EI。

如图 1-8 所示，若轻轻捏着一张薄纸一端，它根本无法承受任何的荷载，甚至在自重下就向下垂。但若在根部将其捏出"小小的弯曲"，则会发现该纸不但可稳

图 1-8 不同形状的纸体现出的不同刚度

稳地悬挑出去，还可承受一定荷载。可采用惯性矩的思路去解释这个问题，由于有部分纸的材料，相比原始构型更远离了形心轴，从而使得纸具备更强的抗变形能力。

矩形截面的 $I=bh^3/12=Ah^2/12$，其中 b，h 和 A 分别是矩形截面的宽、高和面积。假设前面提到的钢尺横截面是 20mm×0.2mm，一个方向尺寸是另外一个方向的 100 倍，则两个方向的惯性矩比值就会达到了 10000∶1，在相同的力作用下位移比值就是 1∶10000（图 1-9）。这意味着要达到同样的变形值，施加的力的比值也会是 10000∶1。高层建筑中，有不少用混凝土做成的墙，称之为剪力墙，其主要作用就是提高结构的刚度，使得建筑物在非常大的风力和地震作用下，变形也可控制在较小的范围内。

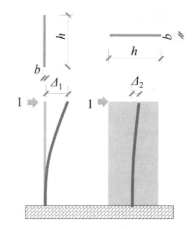

图 1-9 不同摆放方向的矩形截面构件在水平推力下的位移

钢尺一个方向的刚度非常大，但另一个方向的刚度就太小。为实现两个方向都有较大的刚度，就出现两个方向都向外布置材料的形状，如工字形、箱形、C 形（槽形）、T 形或者 L 形的截面形状（图 1-10）。这些截面在钢结构中都很常见。在结构模型中，这些截面类型的杆件也经常出现，都是为在同样的材料用量下，使结构拥有更大的刚度。

图 1-10 不同截面形状的杆件

大家可能玩过一种很简单的结构模型游戏，将一张纸架在两端支座上，如何才能在其上放置更多的硬币，以相同材料去实现最大的承载重量。大家多数会尝试将纸张折叠起来，这样就可放上更多的硬币，这同样是利用了惯性矩的原理。

笔者曾经参与过广州灯光节两个作品，都采用很薄的材料进行建造，其中"蝶变"采用 3D 打印技术，"云间玲珑"采用薄铝板。两者均利用自身形状形成的刚度，就形成能够承受自重荷载及风荷载的结构，如图 1-11 所示。

图 1-11 灯光节作品中弯曲的薄板结构

1.2.6 稳定性

结构稳定性是指结构或构件在荷载作用下维持平衡状态的性能。结构或构件受微小干扰后，能恢复原状（平衡状态）的现象称"稳定"，反之称"不稳定"。开始出现不稳定时的荷载称"临界荷载"。结构设计时需保证外力小于临界荷载。

如图 1-12 所示，一根两端支承的薄钢尺，在施加不大的轴向力下，就会出现失稳的现象。但假如在尺子中部加上一个侧向支点，那么达到失稳时轴向力会增大不少，失稳的形态也会发生如图 1-12（b）所示的变化。

欧拉研究过这个问题，并提出著名的欧拉临界力 P_{cr} 的计算公式：

$$P_{cr} = \pi^2 EI/L^2 \tag{1-1}$$

式中 P_{cr}——临界荷载；

E——材料的弹性模量；

I——截面的惯性矩；

L——杆件的计算长度。

图 1-12 中的尺子，当计算长度减小一半时，其临界荷载达到原来的 4 倍。在结构模型中，可采用缩短计算长度的方法，一般是在长度的方向上设置多个支点，限制其侧向变形，尽量避免杆件因失稳而提前破坏。空间结构中，整体结构的稳定性除受压失稳外，还会出现诸如弯扭失稳、整体受弯失稳等形态。一般可通过增加结构的抗侧能力或者增加侧向支点来提高结构的失稳荷载。计算机分析中，可采用特征值计算方法，算出整体结构的多阶失稳模态。在第 2 章中将通过实例分析来说明。

结构或者构件中，除整体稳定外，还有局部稳定问题，后者多数出现在薄板结构中，一般可通过限制板的宽厚比来提高其局部稳定性。比如图 1-13 所示为一钢管混凝土短柱，在极限荷载作用下，外围钢管出现局部失稳，呈现出皱褶形状。

制作结构模型的材料经常是纸或者竹皮，厚度均较薄。为提高此类构件的局部稳定能力，常会采用加劲肋、局部环箍、局部加厚等方法。

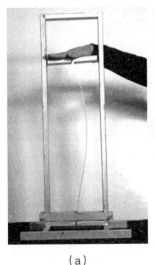

（a）

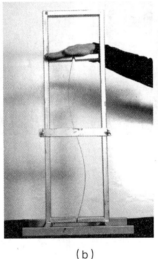

（b）

图 1-12 细杆失稳的模型展示

图 1-13 实际工程中的钢管壁局部失稳屈曲

1.2.7 模型、试验、结构模型试验

模型指根据实物、设计图等，按比例制成的同实物相似的物体，供展览、观赏、绘画、摄影、试验或观测等用。常用木材、石膏、混凝土、塑料、金属等材料制成。

试验指根据一定目的，运用必要的手段，在人为控制的条件下，观察研究事物的实践活动。主要用于测试检验性能、效果。

结构模型试验指根据相似理论、借助模拟结构及其受力情况的物理模型来观测和预测结构在荷载作用下的变形、应变，从而判定其安全度的力学试验。模型按一定的力学相似律缩小，从测得的应变计算应力，然后按模型律换算成原型的相应值。可分静力试验和动力试验两种，前者研究一般的结构问题，后者研究结构的振动现象。

值得注意的是，缩比例模型和足尺模型，有着很大的不同，存在着尺度效应。一个能安全受力的结构模型，在放大许多倍后，其结果是否还是一样？考虑如下问题，如图 1-14 所示，将某人整体放大一倍，受力有何不同？

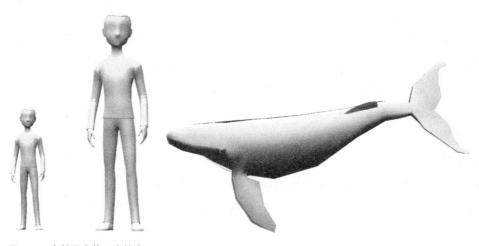

图 1-14 自然界中的尺度效应

将某人整体放大为原来的 2 倍尺寸，则放大后的体积是原来的 2^3=8 倍。对应应力的定义，若取出小腿的骨头进行验算，小腿骨的面积是原来的 2^2=4 倍，则小腿处的应力，是原来的 8/4=2 倍。由于人体骨骼材料都是一样的，因而除非天赋异禀，否则人很难承受放大为原来 2 倍的应力。长得非常高的人并不多，这也是其中之一的原因。

自然界中大家常听说蚂蚁有着纤细的腿，却可扛起其自身质量几十倍的食物；而大象即使有着粗壮的大腿，但估计也难抬起与其自身质量（约 5 吨）相同的物品；而更重的生物——鲸鱼更是需生活在水里，用浮力抵消掉其庞大的身体重量，才不至于被自己压扁。这些均与尺度效应密切相关。

因而，结构模型在一定程度上可反映结构的受力，但在讨论模型试验结果时，也需仔细分析，明确尺度效应的影响。

1.3 常见的结构形式

1.3.1 结构分类

世间的建筑结构千姿百态，有不同的分类方式。比如可按材料划分为：钢筋混凝土结构、钢结构、竹结构、木结构、铝合金结构、玻璃结构等。按组成部件的形状分为：三维实体结构，如大坝、厚板类；二维面结构，如壳体结构、楼板结构类；一维杆件结构，如框架、桁架等。按受力体系分为：框架结构、桁架结构、框架剪力墙结构、筒体结构等。

董石麟院士曾提到，空间结构形式丰富，大的方向可分为：刚性空间结构、柔性空间结构、刚柔性组合空间结构3种。若细分则可通过板壳单元、梁单元、杆单元、索单元、膜单元等5种基本单元组合出38种空间结构。

在结构模型中，目前主要材料有纸质、桐木条和竹3种。与实际结构相比，结构模型由于其尺度及材料限制问题，类型比实际工程少。从历届国赛的结构模型来看，多数以杆系和蒙皮结构为主。近几届的国赛，竹材是主要模型材料，但直接采用整张竹皮制作板壳单元或者膜单元较耗费材料，因而较少出现蒙皮竹材结构。结构模型主要由能承受轴力和弯矩的梁单元、承受轴力的杆单元、承受拉力的索单元这3种较细长单元组成。

以下介绍工程中几种较常见的结构体系，结构模型竞赛中的常见结构体系则可参见第6章。

1.3.2 桁架

在两点间架起通道的最简单构件就是梁。但当两点间距离较大时，梁的挠度和承载力就很难达到要求，此时常会采用桁架结构。桁架由多根杆件组成，通常具有三角形单元。其中每根杆件主要承受轴力（拉压力），不承受弯矩，较充分地利用材料的性能。很难考究最早的桁架是什么时候出现，但人类对于三角形稳定性的认识，应该很早就出现了。比如用两根斜杆和一根水平杆，就形成一个可遮挡风雨的稳定三角形屋顶结构（图1-15）。

桁架在构建的过程中一般需构建出稳定的结构。但四边形结构的稳定性较差，图1-16中的四边形，受力后容易倾倒。为使其形成稳定的结构，可在对角线增加拉带，如图1-17（a）所示，从而使结构具有抗侧力水平。但若用柔性拉索（图

1-17b），当力改变方向后，稳定性就不复存在。此时可在两个方向都增加拉索来保证两个方向的稳定性，如图 1-17（c）所示。也可直接改用压杆结构，如图 1-17（d）所示。

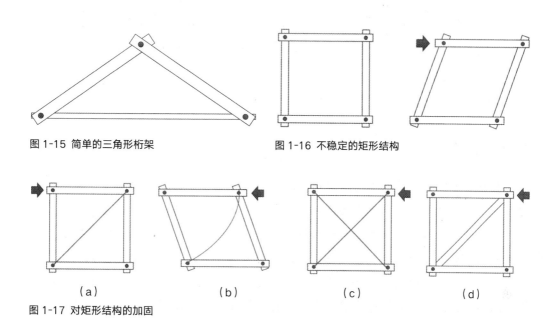

图 1-15　简单的三角形桁架

图 1-16　不稳定的矩形结构

（a）　　　　　　　　（b）　　　　　　　　（c）　　　　　　　　（d）

图 1-17　对矩形结构的加固

随着结构跨度的不断变大，桁架也演变成为具有多个节间的大型桁架，使得桁架形式也更加丰富，如豪氏桁架、普拉特桁架、沃伦桁架等类型（图 1-18）。

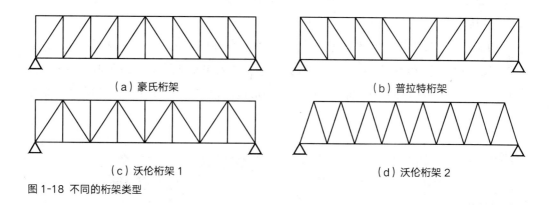

（a）豪氏桁架

（b）普拉特桁架

（c）沃伦桁架 1

（d）沃伦桁架 2

图 1-18　不同的桁架类型

当二维的桁架向三维空间结构发展，就形成网架结构和网壳结构等空间桁架受力体系，如图 1-19 所示。

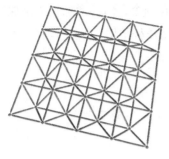
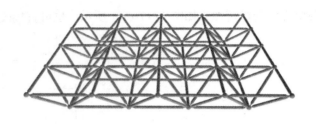

图 1-19 空间网架结构

1.3.3 刚架

刚架结构是指杆件间采用刚性连接的结构，刚架中的单元是可承受一定弯矩的梁单元。连接梁单元的节点有铰接和刚接两种形式。刚性连接节点的特点就是原节点的杆件间夹角在变形之后仍然保持同样的角度。刚架结构在建筑中的使用非常广泛，如钢筋混凝土框架结构就是多层多跨的刚架，而钢结构厂房中的门架结构就是单层单跨的刚架。刚架结构中，部分节点也是可释放为铰接的，比如单层工业厂房排架结构就是顶部的梁和柱采用了铰接的刚架结构。当所有的节点都释放为铰接后，刚架也就转化为桁架。

相比于桁架结构，节点具备一定抵抗转动能力的刚架结构，在其他情况相同的情况下，具备更小的变形。但相对而言，结构的受力会更加复杂，除原有的拉压应力外，还会存在着剪应力、弯曲应力等，如图 1-20（a）、（b）所示，框架结构受外力作用后会产生明显的杆件弯曲变形。

实际上，理想的刚接点和铰接点几乎都是不存在的，因此实际结构的节点刚度几乎都是处于刚接和铰接之间。结构模型中也经常采用刚架结构，如图 1-20（c）、（d）所示，由于杆件间接触面积有限，较难形成刚度较大的节点。为增强此位置节

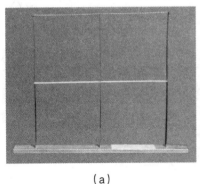
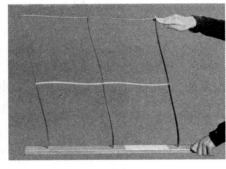

|（a）|（b）|

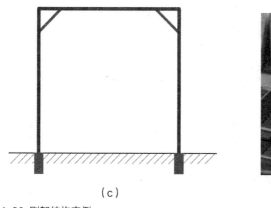

（c） （d）

图 1-20 刚架结构实例

点的刚度，可采用在节点区增加短斜杆或节点板的方法，形成稳定的三角形区域，从而形成刚性节点。

1.3.4 拱

赵州桥是中国著名的古桥（图 1-21），采用了拱形结构，至今已有上千年的历史，仍然屹立不倒。西班牙塞哥维亚古城古罗马水道（图 1-22a）是双层拱形结构；西方建筑中的哥特式建筑是一种尖拱结构（图 1-22b），这些都是人类建筑历史的宝贵遗产。这些案例说明在很早以前，人类就知道拱形结构的良好受力特点并加以利用。

古代的拱结构多数都是通过砌体结构组合而成的。那么松散的砌体结构是如何形成拱形结构的？可先在底部设置拱形支顶，而后铺上砌块结构，铺设完成后，将底下支顶逐步移走，松散的砌块间则逐渐形成压力，越压越紧，并最终形成受力拱结构。对于拱结构而言，底部经常会形成水平推力，因而需要水平的支顶物来抵抗这种推力。图 1-23 展示了一个由此种方法建造的拱结构案例。达·芬奇曾经说过："拱由两个脆弱无力的部分组成，它们相互依靠便产生了力量"。图 1-22 中的哥特式拱的一部分推力由飞扶壁（结构外部的半拱）来承受，从而建造起高高的尖顶结构。

图 1-21 赵州桥

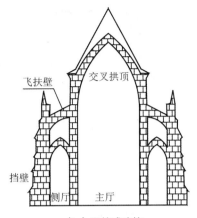

（a）西班牙塞哥维亚古城古罗马水道　　　　　　（b）哥特式建筑

图 1-22 古罗马水道和哥特式建筑

通过日常模型试验可加深对于拱结构的理解。如图 1-24 所示，将一薄纸置于两个支座上，尚未承受重物，自身的重量就已经使纸变弯，再加少量荷载即可将其压塌。但若将纸变成拱形支撑于两个支座上，则其不但自重下形状较为稳定，承受荷载后的变形也小得多。

图 1-23 砌块组成的拱结构

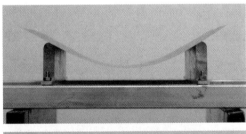

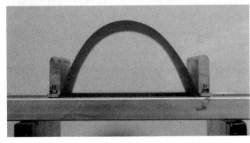
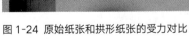

图 1-24 原始纸张和拱形纸张的受力对比

还可通过形状的改变进一步增强纸拱刚度。如图 1-25 所示，将左侧的纸绘制出所示的实线和虚线。将纸沿所有实线向上折，沿虚线向下折，可折叠出如图所示的折叠拱结构。此类结构具有更高的承重能力，也在实际工程建筑中得到应用。

图 1-25 折叠纸张形成的纸拱结构

也可通过图 1-26 所示的模型试验了解天然的拱形结构——鸡蛋的强大的受压能力。将纸筒芯剪出如图形状，将鸡蛋套于两纸筒中部，再在纸芯上压上荷载。如图可见，薄薄的鸡蛋壳，竟然能够承受住 10kg 的质量。

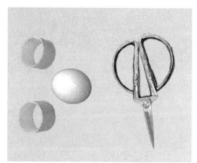

图 1-26 天然拱结构——蛋壳结构的承重试验

我国著作的画作——清明上河图卷中（图 1-27），展现了一座虹桥，这种虹形拱桥被称为"编木拱桥"，是一类有趣的拱结构，目前在浙江、福建还有不少这样的桥梁存在。西方的达·芬奇也做过类似的桥梁研究。可通过雪糕棒来建造出这种模型，去了解这种无需胶水和绳子的拱形结构的独特魅力。图 1-28 展示了整个构造过程，短短的雪糕棒搭设出跨越较大跨度的拱形结构。图 1-29 展示了利用此法搭设出来的跨越两个方向的双向拱桥及拱形屋盖。

图 1-27 清明上河图中的虹桥

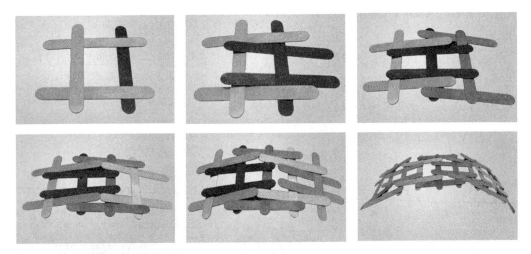

图 1-28 编木拱桥的雪糕棒建造展示

图 1-29 双向编木结构的建造

1.3.5 受拉结构和充气结构

相对于受弯构件中截面不同高度处的受力不均匀而言，受压和受拉构件能够更好地利用材料的强度，因而有着更高的材料利用率。但受压构件往往还存在着杆件失稳问题，而受拉杆件则不存在此问题。若能采用受拉结构进行受力，可更充分发挥材料的特性。

桥梁结构的发展很好地体现了人类对此的认知。从最早的石板梁式桥以受弯为主，到拱桥以受压为主、桁架桥以拉压受力为主，一直到斜拉桥、悬索桥这两种目前世界上跨越水平距离最大的桥梁形式中，都是利用强度非常高的钢材作为受拉构件、利用具有良好受压性能的混凝土作为立柱，从而跨越广阔的水面。

实际结构中有许多充分利用受拉构件的例子。比如图 1-30 中的秋千结构，坐在木板上的人，将荷载传递到垂直挂绳上，而垂直挂绳又将荷载传递到绳子上，可很好地发挥出这些柔性拉索的材料性能。图中的网结构，细细的索网结构即可承受住很大的重量。购物用的薄膜袋也是同样的力学原理。

图 1-30 受拉结构例子

受拉结构中还有一种充气结构，自重很轻却能承载很大的重量。图 1-31 中，利用包装用的充气棒进行如下试验：放掉气的充气棒（左侧），挂上重物后，横梁马

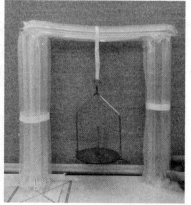

图 1-31 充气结构的受力对比

上被压塌。而右侧的充气横梁结构，却能承受住挂盘的重量。这类结构重量极轻，但却能支承数百倍于自身重量的荷载。日常生活中的体育场馆或者临时建筑物中也有此类充气结构的存在。

目前结构模型竞赛中，为实现更高的结构效率，不少队伍也大量采用受拉杆件。大家可通过全国大学生结构设计竞赛官方网站上的结构模型进行学习。

1.3.6 身边的其他结构

结构知识博大精深，短短的篇幅无法尽述。要认识到结构的美妙之处，可多留意一下身边千姿百态的结构，大至高楼大厦，小到细胞形态，不同尺度的物体，都有着其内在的结构哲学。将课本所学知识与这些实践相印证，可更好地加深认识。

高楼大厦是工程师们精心设计的作品，有许多经典的结构形式。比如图1-32（a）、（b）广州塔和香港中银大厦，就是两个典型的地标性结构，广州塔用的是斜交网格结构，该结构可很好地抵抗地震作用所产生的扭矩，但其中的细腰部位也是结构中设计的难题。香港中银大厦，是著名建筑师贝聿铭的作品，采用巨型的桁架结构，通过子结构受力传到巨型结构的方法，使得整个建筑物简洁大方，传力明确。

而身边的日常结构，也有不少精妙的设计。比如中式家具，巧妙地利用中国古代的榫卯结构，不使用任何的钉子，就可将结构紧密地结合在一起。比如在网上很出名的"反重力悬浮"结构，就巧妙地利用整体张拉结构的概念，实现结构的稳固性能，如图1-32（c）所示。车轮，在其中的辐条钢丝线施加预应力，使得车轮的辐条在一定的情况下总是受拉，减少失稳的可能性，也增强整个车轮的刚度。

大自然中也有许多值得学习的精妙结构。比如图1-32（d）的蜂窝，由于其六边形结构的高效性，以非常小的材料成本形成稳定的空间，使得扁平的轻质结构变成可能。现在工程中许多的蜂窝板结构，也都是和此密切相关。比如用于飞机机翼的"蜂窝状金属"或用于轻型门板的压制材料。又如图1-32（e）中的蜘蛛网就是天然的全受拉结构，非常精巧，其直径可达1~2m。大自然的竹子，其空心的结构，使得结构的刚度较实心结构大大提升；中间的竹节也可增大竹子的局部稳定性，从而可使得竹子长得更高。又如贝壳，为增大本身的刚度，其表面形成了波浪形的折板形式。这些都是大自然千百年来不断优化的结果。大家可参考相关的仿生结构书籍来进一步学习。

（c）"反重力悬浮"结构　　　　（d）蜂窝

（a）广州塔　　　（b）香港中银大厦　　　　（e）蜘蛛网

图 1-32 身边的结构

思考题

1-1 细细的竹子能够长到很高，它有什么结构特点？

1-2 单车轮子的辐条那么细，为什么能承受很重的荷载而不失稳？

1-3 用所学过的力学知识，分析图 1-32(c) 的"反重力悬浮"结构受力情况。

1-4 用什么方法可以提高结构整体稳定性和局部稳定性？

习题

1-1 寻找身边有意思的结构，拍照并说明其受力机理。

1-2 寻找可以体现出自然界优化的一些结构。

第 2 章

结构模型分析

结构模型试验前需进行结构模型分析。本章主要针对模型试验中涉及的常用结构模型分析方法，以SAP2000软件为例，介绍各类常见结构模型的受力分析。同时，对理论计算、仿真分析软件Truss me！、Bridge Designer、结构优化等方面也进行相关阐述。

2.1 基本概念

2.1.1 受拉绳索问题

以一道简单问题的理论分析入手，来理解结构模型分析。

【例题2-1】由两根绳子形成的某对称拉索结构，其中A、B是不动铰支座，C点在A、B点的中垂线上，悬挂重量为P的物体，如图2-1所示。绳子的容许应力为$[\sigma]$，为保证结构安全，需要多大截面的绳子？

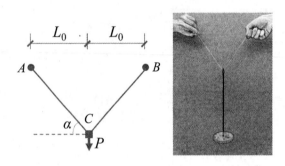

图 2-1 受拉绳索问题

【解】用理论力学方法来求解问题。由力分解可得，绳子AC和BC均承受$P/$（$2\sin\alpha$）的拉力。

根据其容许应力$[\sigma]$，绳子所需要的截面积为$A \geqslant P/$（$2\sin\alpha$）$/[\sigma] = P/$（$2\sin\alpha[\sigma]$）。

2.1.2 受压杆件问题

将上一个问题修改为受压杆件，如图2-2所示。

【例题2-2】某个由两根受压杆件形成的对称桁架结构，其中A、B是不动铰支座，C点在A、B点的中垂线上，支撑重量为P的物体，如图2-2所示。杆件的容许应

力为 [σ]，不考虑平面外稳定问题，为保证结构安全，需要多大截面的杆件？

【解】先进行强度方面的计算，经过与上一题类似的计算，

AB、BC 杆件受到的轴压力为：$F=P/(2\sin\alpha)$。

杆件所需要的截面积 $A \geqslant P/(2\sin\alpha)/[\sigma]=P/(2\sin\alpha[\sigma])$。

但与受拉杆件不同，受压杆件还须满足稳定性问题。

欧拉临界力计算公式：$F \leqslant P_{cr}=\pi^2EI/L^2$。

其中 L 为 AC 和 BC 的长度，$L=L_0/\cos\alpha$。

可得 $\pi^2EI/L^2 \geqslant P/(2\sin\alpha)$

则 $\pi^2EI/(L_0/\cos\alpha)^2 \geqslant P/(2\sin\alpha)$，所以 $I \geqslant PL_0^2/(2E\pi^2\cos^2\alpha\sin\alpha)$。

因而受压杆件问题要比受拉问题复杂，除面积须满足一定要求外，惯性矩 I 也需满足相应要求。

当把题目中的杆件限制为方形杆件，边长为 a，那么 $A=a^2$，$I=a^4/12$。

则 a 需要满足以下两个条件：$a^2 \geqslant P/(2\sin\alpha[\sigma])$ 及 $a^4/12 \geqslant PL_0^2/(2E\pi^2\cos^2\alpha\sin\alpha)$。

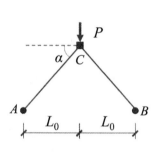 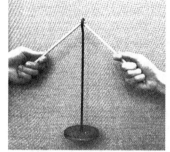

图 2-2 受压杆件模型问题

2.1.3 复杂结构分析问题

从前面的例子可见，结构分析是指采用力学的方法，对结构在荷载作用下的内力进行求解。简单的问题可采用理论公式进行计算。但实际的结构模型比图 2-1 或者图 2-2 要复杂得多，若对复杂结构进行分析，过程将变得更加复杂。目前更多的是采用计算机软件进行辅助分析。

常见的计算机结构分析方法是有限单元法。该方法将整个结构划分为有限个互不重叠的元素，每个元素上的未知函数用有限个待定的未知量来近似描述，将求未知函数的问题化成求有限个未知量的问题。这些未知量满足一个有限方程组，求解这个方程组，可得到未知函数的近似值，比如各节点位移等。该方法广泛应用于力学、工程技术等许多领域，成为现代设计中的一种重要方法。

目前有限元软件有不少，在建筑结构方面经常用到的专用软件有 SAP2000 或 MIDAS。在全国大学生结构设计竞赛中，这两个软件都对参赛学生提供软件支持。本书以 SAP2000 为例说明建模分析的整个过程，MIDAS 的操作思路也较类似。

2.2 Truss me！桁架建造软件

在开始专业的 SAP2000 有限元分析之前，大家可通过 Truss me！这个软件感受一下结构模型试验的一些基本概念。Truss me！是由一位美国的火箭科学家设计的软件，可用于苹果及安卓系统。它帮助大家通过游戏学习结构设计，其界面如图 2-3 所示。进入软件界面，如图 2-3（a）所示，软件有自由模式（Freestyle）和挑战模式（Challenges）两种。在自由模式中，用户可自主添加各种支座、重物球、杆件等；也可增减节点、杆件、放大缩小杆件截面；最后进行模拟加载。若结构无法承受重物，将出现杆件失效，模型也会随之破坏，出现如图 2-3（b）所示的破坏图。挑战模式则存在若干关卡，

（a）两种模式　　　　　　　　　　（b）自由模式及破坏图

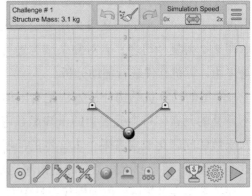

（c）挑战模式　　　　　　　　　　（d）关卡 1

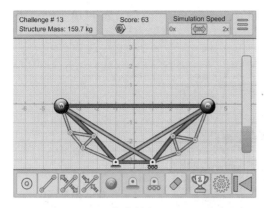
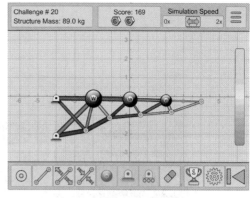

（e）关卡13   （f）关卡20

图 2-3 Truss me！软件界面

如图 2–3（c）~（f）所示。此时每一关卡的支座条件和质量是不能改动的，大家可不断优化结构以获得最高分数。这和实际的结构模型竞赛是很相似的。

此软件的计算内核就是采用计算机有限元分析技术来进行结构计算。计算结果中，红色的杆件代表受拉杆件，蓝色则代表受压。除考虑材料强度外，软件还考虑杆件稳定性的影响。由于稳定性的存在，蓝色杆件可能在比强度极限低得多的荷载下失效，所以大家需要充分考虑各类因素来设计模型。通过游戏可发现，在前面的关卡中要得到 3 颗螺帽的高分奖励是比较容易的，但是在后面的关卡中，随着荷载、尺寸的变化，要获取高分就变得很困难。利用此软件可在团队中组织一场模拟的桁架设计比赛。

2.3 Bridge Designer 桥梁仿真竞赛

Bridge Designer 桥梁仿真竞赛是一项全美工程竞赛活动，其前身是西点军校的桥梁设计大赛。2002 年该校举办了第一届西点桥梁设计竞赛，采用由工程学教授 Stephen Ressler 及其兄弟编写的虚拟桥梁竞赛软件。而后该校连续多年举办该项竞赛活动。赛事的目标是通过设计一个现实的桥梁工程，培养学生动手解决问题的能力，了解工程设计过程中所需要的数学与力学知识，并掌握如何使用计算机解决工程问题。选手需首先下载安装 Bridge Designer 软件。在此软件中，用户可自己通过建立节点、定义杆件截面、连接杆件来建立桥梁结构，并用移动的小车测试自己的桥梁作品。而后软件将通过内置的程序计算出桥梁的造价。最后选手在线提交自己的设计模型。各队排名将通过多轮淘汰赛及最终的决赛决定。

软件的界面如图 2-4 所示。表 2-1 是该软件的快速使用范例，可扫描二维码观看操作演示。

图 2-4 Bridge Designer 桥梁仿真竞赛软件界面

Bridge Designer 使用范例

桥梁仿真竞赛软件的使用步骤   表 2-1

1）选择 Create a New Bridge Design（创建一个新的桥梁）	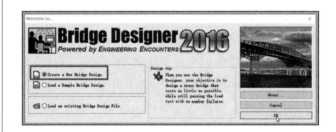
2）不做修改，默认河宽 44m，深度 24m	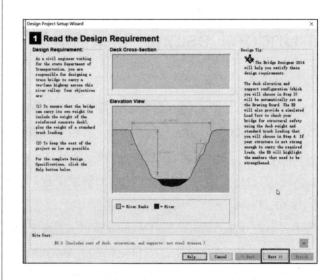

3）不做修改，不需输入竞赛代码	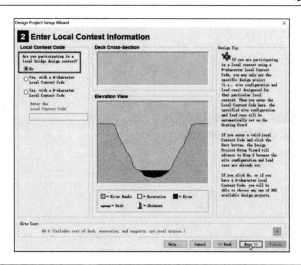
4）如图示，勾选 Deck Elevation（甲板标高）取为 24m，Standard Abutments（标准桥台），Pier（中间有桥墩），高度 12m，Two Cable Anchorage（两个可用于锚索的点）	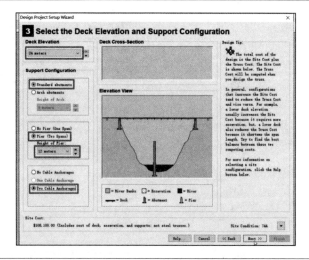
5）如图示，勾选 Deck Material（甲板材料）：中等强度混凝土，Permit Loading（容许荷载）：480kN	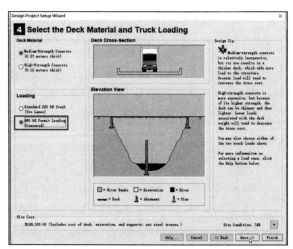

6）这步可自行选择其中的某种预设，如 Warren Truss（华伦式桁架）或者 none（全新重建）	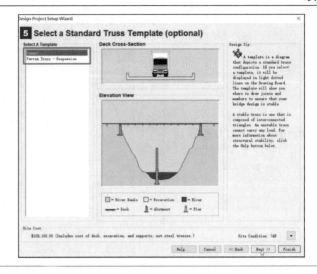
7）可写入自己的名字	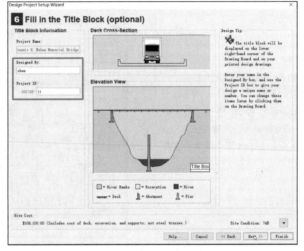
8）不做修改（软件只是告知需要完成的目标），点击 Finish（完成）	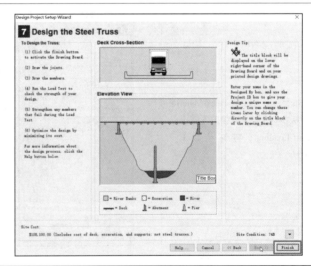

9）建立模型。之后可在 Test 的 Drawing Board（绘图板）和 Load Test（荷载测试）中不断切换进行模型建造及测试，直到成功，并可不断优化。注意：右键单击某根杆件可修改杆件的截面和尺寸	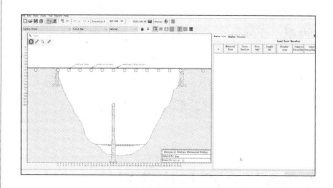
10）在不断优化到最佳结果后，可保存项目名为 YourName.bdc 文件（YourName 可用中文或者英文名字）	

当能顺利通过荷载测试后，可通过 Report-Cost Calculation 得到桥梁造价。桥梁费用较为全面，包括 Material Cost 材料费用（M），Connection Cost 连接费用（C），Product Cost 产品费用（P），Site Cost 现场费用（S），总费用是由 M+C+P+S 四部分组成，如图 2-5 所示。

Type of Cost	Item	Cost Calculation		Cost
Material Cost (M)	Carbon Steel Solid Bar	(63165.7 kg) x ($4.30 per kg) x (2 Trusses) =		$543,225.33
Connection Cost (C)		(35 Joints) x (400.0 per joint) x (2 Trusses) =		$28,000.00
Product Cost (P)	64 - 140x140 mm Carbon Steel Bar	($1,000.00 per Product) =		$1,000.00
	1 - 500x500 mm Carbon Steel Bar	($1,000.00 per Product) =		$1,000.00
Site Cost (S)	Deck Cost	(11 4-meter panels) x ($4,700.00 per panel) =		$51,700.00
	Excavation Cost	(0 cubic meters) x ($1.00 per cubic meter) =		$0.00
	Abutment Cost	(2 standard abutments) x ($4,500.00 per abutment) =		$9,000.00
	Pier Cost	(1 12-meter pier) =		$35,400.00
	Cable Anchorage Cost	(2 cable anchorages) x ($6,000.00 per anchorage) =		$12,000.00
Total Cost	M + C + P + S	$543,225.33 + $28,000.00 + $2,000.00 + $108,100.00 =		$681,325.33

Cost Calculations Report

Help... Copy to Clipboard Print Close

图 2-5 桥梁造价组成图

可通过设置不同的题目参数，让所有的成员进行竞赛。看看何种结构可在满足车辆安全过桥的情况下，实现最低的造价。

说明：此软件在某些情况下，会出现部分按键不显示的情况。可按如下操作进行解决：找到此桥梁软件的快捷方式，右键—属性—兼容性，勾选替代高 DPI 的缩放行为后，可选择应用程序、系统、系统（增强）等 3 个选项中的一个，如"系统增强"，而后启动软件，即可显示正常界面。

2.4 SAP2000 结构分析

Truss me！和 Bridge Designer 两个软件对于入门探索结构分析是很好的选择，但若要对任意杆系结构进行结构分析，更好的方法是采用专业的有限元分析软件。SAP2000 是一个很好的选择。它是美国 CSI（Computer and Structures，Inc）公司开发的通用建筑结构分析与设计软件，可分析复杂的实际工程项目，也可针对结构模型开展分析。以下将通过若干案例展示其使用方法。本书所采用的 SAP2000 版本为 22.0，其他版本的软件操作类似。

2.4.1 内置算例

SAP2000 提供了许多模板，让初学者可非常容易地上手。以下通过内置的算例来了解一下 SAP2000 分析大型网架结构的例子，过程如表 2-2 所示。可扫描右侧二维码观看视频。

内置算例

SAP2000 内置算例计算流程　　　　　　　　　　表 2-2

1）双击图标，进入 SAP2000 的运行界面，顶部是菜单区，菜单区下方和左侧是图标区，空白区域就是工作区域	

2）点击菜单→文件→新模型界面，选择其中的三维桁架	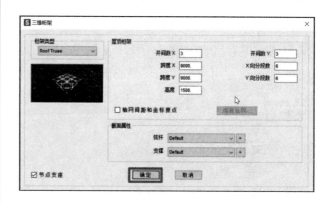
3）查看各类参数，当前可不做修改，点击确定	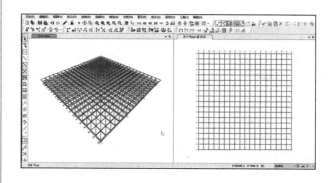
4）建模完成，模型区域出现一个大型网架模型，有三维视图和顶视图	

5）按 F5，点击运行分析，跳出文件保存框，保存文件为如"内置 .SDB"的格式	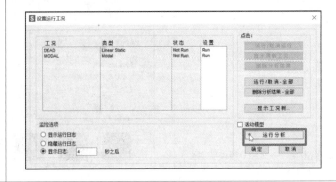
6）经过几秒钟计算分析结束，模型区展示出结构的变形图，表明运算成功	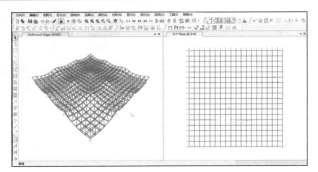

从此例子可看出 SAP2000 的使用是简单且人性化的，这揭开了有限元软件神秘的面纱，也消除了用户学习的畏惧心理。以下用几个结构模型试验中常见的案例进行学习。

2.4.2 简支梁分析

简支梁是非常简单的构件形式。本示例展示一步步建立分析模型的全过程。

简支梁模型简介：如图 2-6 所示，一根跨度为 400mm 的箱形竹皮杆件，截面尺寸为 8mm×10mm，厚度 1mm，受到 0.1N/mm 的荷载，求其弯矩及应力。

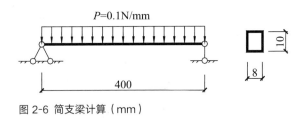

图 2-6 简支梁计算（mm）

材料：竹皮的弹性模量设置为 6500 N/mm² （注：此数值取自于自测结果，国赛题目中，此数值取值为 6000~10000 N/mm² 不等，读者可根据实际结果对此数值进行修正），抗拉强度设为 30MPa。竹材密度 0.789g/cm³ （等效于 789000g/m³，按 1N 等效于 100g 来计算，此密度也等同于 $0.789 \times 0.01N/1000mm^3$ =$7.89 \times 10^{-6} N/mm^3$ ）。

表 2-3 给出此算例的整个计算流程，并可扫描右侧二维码观看完整演示操作。

SAP2000 简支梁计算流程 表 2-3

步骤	图示
1）新建模型，单位修改为"N，mm，C"，选择新建模型为"梁"	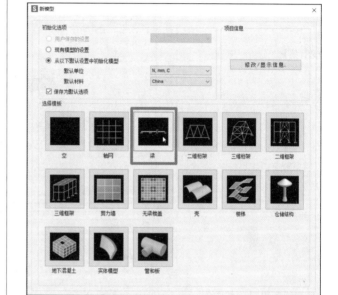
2）出现对话框，定义跨数为1跨，跨度为400mm，点击梁截面右侧的"+"号	
3）点击添加框架截面	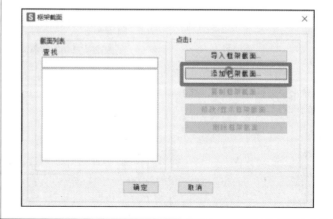

4）选择方管	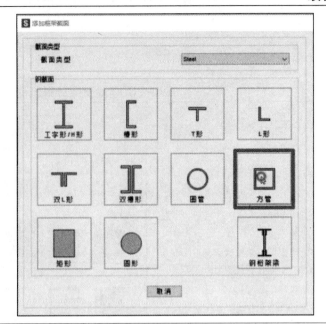
5）将截面名称定义为"梁"，键入图示尺寸，根据题意，方管厚度是1mm，宽度和高度分别是8mm和10mm。之后，点击材料属性下方的"+"号按键	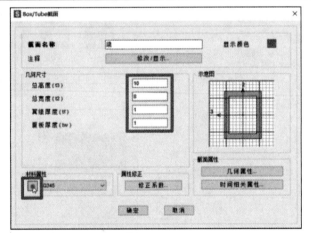
6）跳出定义材料的页面，点击"添加材料"按键	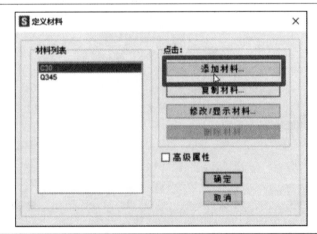

7）可选择国家地区为"China"，材料类型为"Other"（其他）

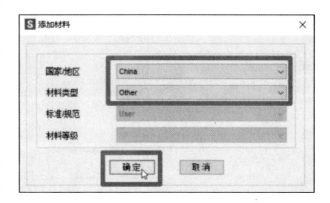

8）输入图示参数，其中重量密度输入"7.89E-06"，弹性模量输入"6500"，材料名称为"竹子"

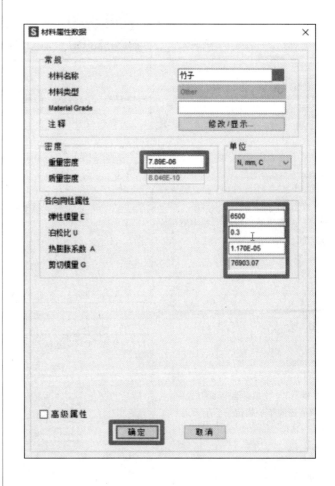

9）返回上一级页面，在材料属性中选择刚刚定义的"竹子"后，点击"确定"按键

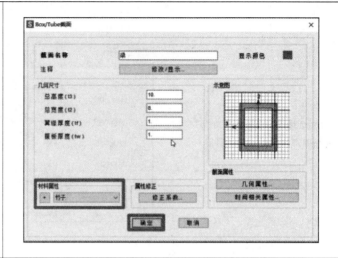

10）返回到上一级菜单，确认截面属性为"梁"

11）点击确定后，返回到主界面，此时，左侧为轴测视图，右侧为立面图

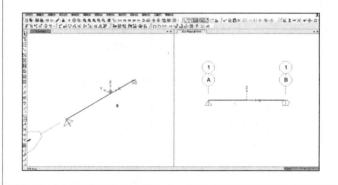

12）接下来，用鼠标选中此梁后，依次点击菜单→指定→框架→自动剖分选项

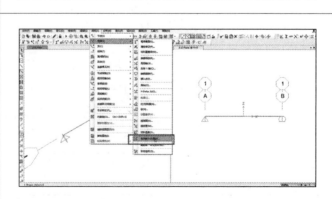

13）选择自动剖分，再勾选最少的剖分数量，如取为 10，点击确定	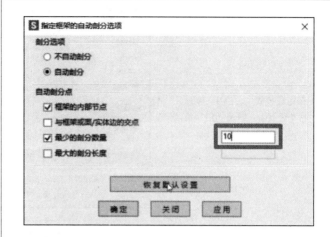
14）依次点击菜单→定义→荷载模式	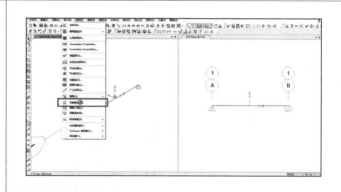
15）点击添加荷载模式，名称、类型、自重乘数分别选为 LIVE、Live、0，添加除自重外的另一荷载模式	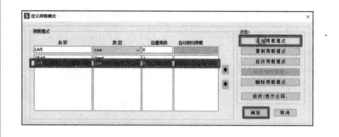
16）用鼠标选中此梁后，依次点击菜单→指定→框架荷载→分布荷载选项	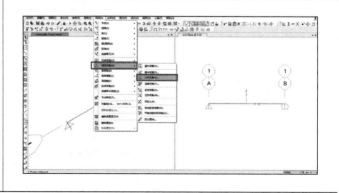

17）在荷载模式中，选中 LIVE，在均布荷载框中，输入"0.1"	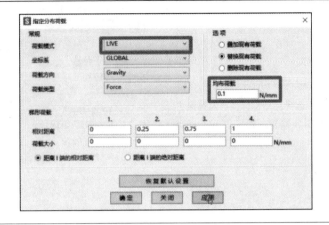
18）点击确定，回到主界面后，可见梁上施加了均布荷载，方向与重力的方向相同	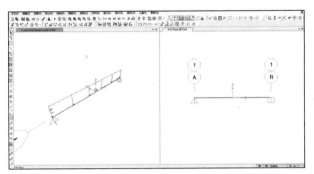
19）依次点击菜单→分析→设置运行工况，出现此页面，由于不需要进行模态分析，所以选中 Modal 后，点击右侧"运行 / 取消运行"按键，而后点击运行分析	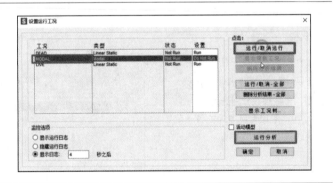
20）跳出对话框，进行保存文件操作，将文件命名为"简支梁模型"	

21）运行结束后，可见此时的梁已经产生了计算的变形结果	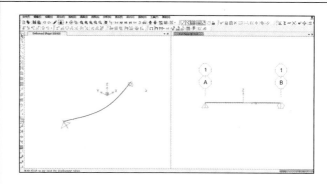
22）此时，将鼠标移到梁上，可见节点处的位移数值	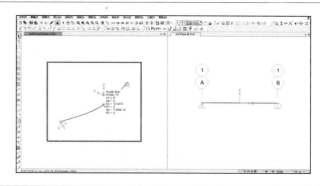
23）按下 F8 键，或者 图标，或者依次点击菜单→显示→内力／应力，出现内力／应力对话框。选择 LIVE 荷载工况	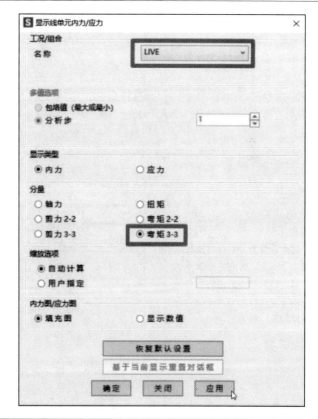

24）选择弯矩 3-3，可查看弯矩图

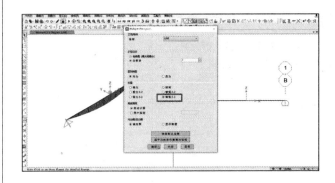

25）在内力或应力图选项选择显示数值，得到弯矩的数值。此时跨中最大值为 2000N·mm，此数值与结构力学计算中的 $ql^2/8=0.1 \times 400 \times 400/8=2000$ N·mm 是相等的，验证了计算结果的正确性

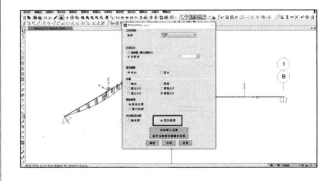

26）若点击应力，则此时出现应力值，"Smin" 对应的是最小的应力值，可见跨中的应力数值是最小的（注：拉应力为正值，压应力为负值）

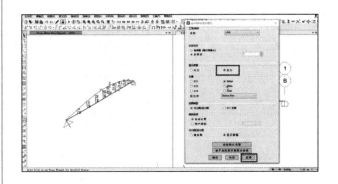

27）勾选菜单栏中的 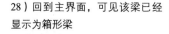 图标，跳出设置视图选项，在通用选项中选择拉伸视图

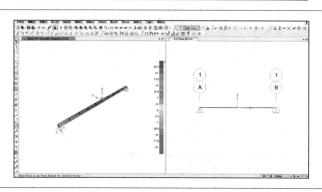

28）回到主界面，可见该梁已经显示为箱形梁

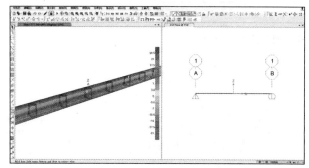

29）此时梁的顶面和底面呈现出不同的应力，顶部为压应力，底部为拉应力，大小约 $25N/mm^2$

30）在靠近梁的中心轴线处按右键，跳出框架内力图，可见具体的最大、最小应力值。根据计算和数据查询，此截面的截面惯性矩 I=410.6667 mm^4，所以其截面模量 W=410.6667/5=82.13334 mm^3。根据 $\sigma=M/W$=2000/82.13334= 24.351MPa，与计算结果相符，这也验证模型及参数的正确性	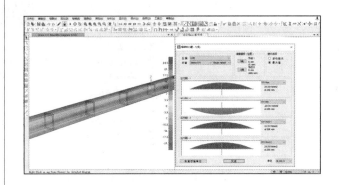

说明：（1）建议 DEAD 荷载模式中只包括结构自重，对于不同荷载宜设置不同工况，这样可在结果中得到每一工况的受力结果，分析各部分荷载对计算结果的影响程度。2.4.5 节的多工况计算组合将说明此问题。

（2）运行工况中的 Modal 分析是自动增加的，对于静力分析可取消运行。Modal（模态）分析是用于计算结构的自振频率和自振周期，是结构动力学分析的重要项，2.4.8 节的结构时程分析中就会用到模态分析。

2.4.3 平面桁架结构分析

如图 2-7 所示的竹材平面桁架，跨度 400mm，跨中承受集中向下荷载 80N；上弦杆及腹杆采用箱形截面杆件，尺寸为 6mm×6mm，厚度 0.35mm；下弦杆采用 6mm×1mm 的实心竹条。竹材性能同前。求结构内力及变形。表 2-4 给出此算例的整个流程，并可扫描右侧二维码观看完整操作演示。

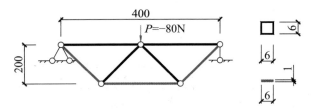

图 2-7 平面桁架计算（mm）

平面桁架结构分析

1）新建模型，单位修改为"N，mm，C"，选择新建模型为"二维桁架"	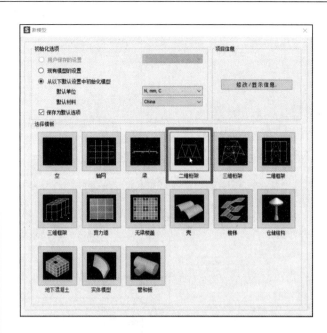
2）出现对话框，定义分段数为 2 跨，节段长为 200mm，高度 200mm，并点击弦杆截面右侧的"+"号	
3）点击添加框架截面	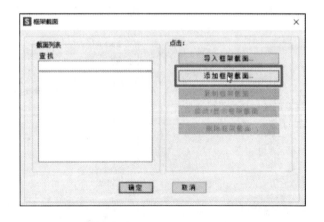

4）选择方管	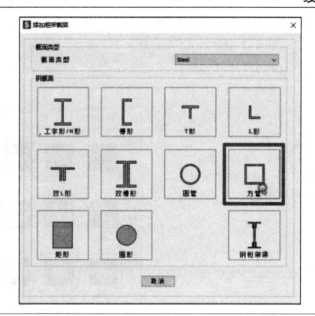
5）将截面名称定义为"上弦杆"，键入图示尺寸，根据题意，方管厚度是 0.35mm，总宽度和总高度均为 6mm，之后，点击材料属性下方的"+"号按键	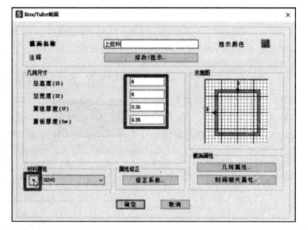
6）跳出定义材料的界面，点击"添加材料"按键	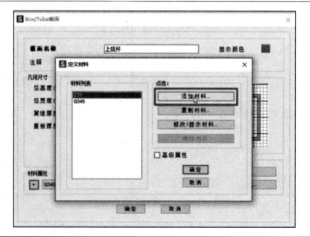

7）可选择国家地区为"China"，材料类型为"Other"（其他）

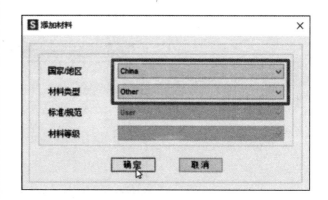

8）输入图示参数，其中重量密度输入"7.89E-06"，弹性模量输入"6500"，材料名称为"竹子"

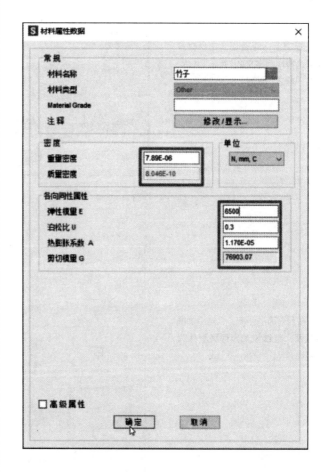

9）返回上一级页面，可见增加名为"竹子"的材料

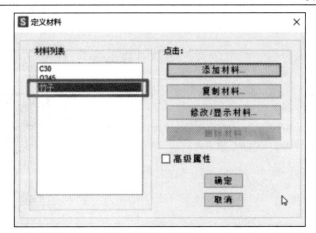

10）返回上一级页面，在材料属性中选择刚刚定义的"竹子"之后，点击"确定"按键

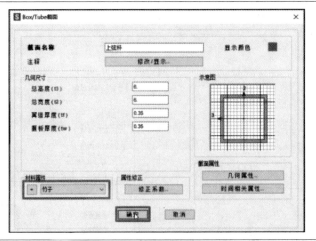

11）按照前面的步骤，点击添加框架截面，继续增加矩形截面作为拉带

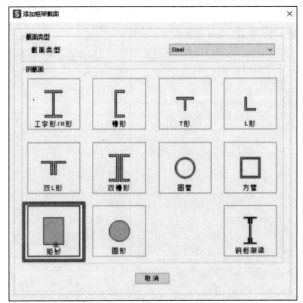

12）将截面名称定义为"拉带"，键入图示尺寸数值，根据题意，拉带厚度是 0.5mm，宽度是 6mm，材料选择为"竹子"

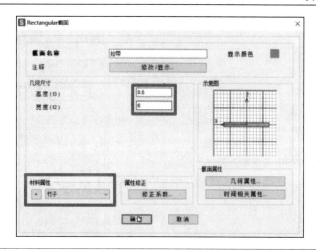

13）返回到上一级菜单，确认弦杆和腹杆截面属性为"上弦杆"，由于快速建模模板中没有拉带选项，所以可稍后再进行截面修改

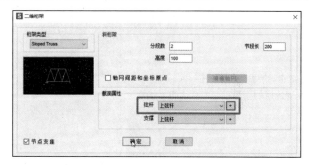

14）点击确定后，返回到主界面，此时，左侧为轴测视图，右侧为立面图

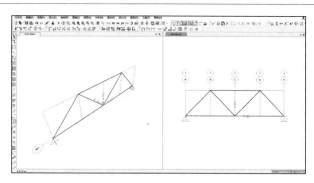

15）用鼠标选择除下弦杆外的几根杆件，点击菜单→编辑→带属性复制

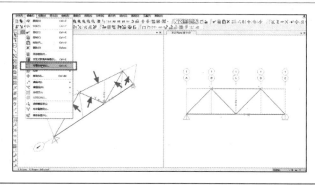

16）选择环向复制，中心线：平行于 X 轴；中心线与 YZ 平面的交点 $Y=0$，$Z=0$，增量数据数量1，角度180，勾选删除源对象	
17）点击确定后，返回到主界面，可发现此时的图形已经发生上下翻转	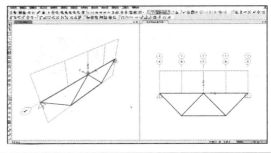
18）勾选菜单栏中的 ☑ 图标，跳出设置视图选项，在通用选项中选择拉伸视图	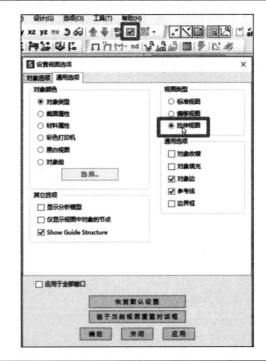

19）点击应用，可发现杆件已经显示为箱形截面	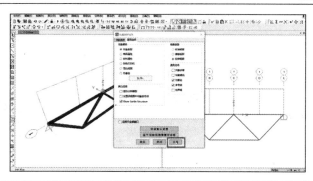
20）返回主界面，选择下弦的 3 根构件，将其修改为拉带	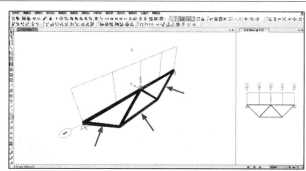
21）依次点击菜单→指定→框架→框架截面	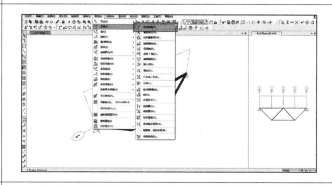
22）选择拉带截面，再点击确定	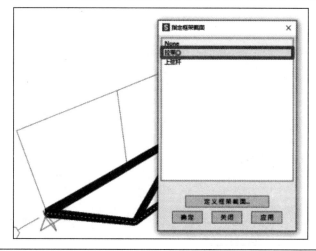

23）回到主界面，可见下弦杆已经修改为拉带	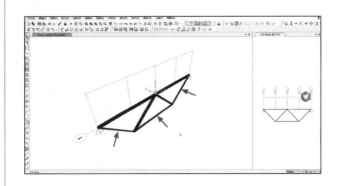
24）点击菜单→定义→荷载模式	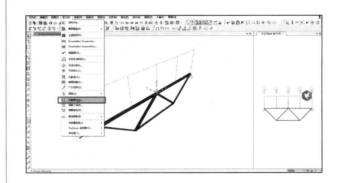
25）点击添加荷载模式，对名称、类型、自重乘数分别选为 LIVE、Live、0，添加除自重外的另一荷载模式	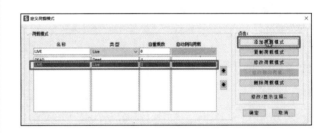
26）用鼠标选中上弦杆中间节点，点击菜单→指定→节点荷载→集中荷载选项	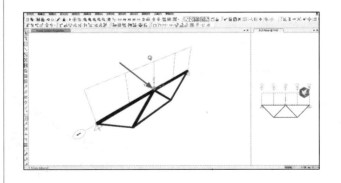

27）荷载模式选择 LIVE，集中力 Z 输入"-80"	
28）对平面桁架进行设置，点击菜单→分析→设置分析选项	
29）选择平面框架，点击确定	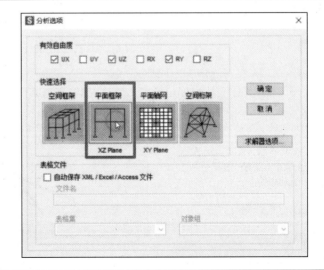

30）点击菜单→分析→设置运行工况，出现对话框，选中 Modal 后，点击右侧"运行/取消运行"按键，再点击运行分析	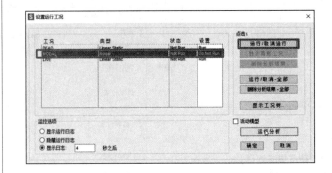
31）跳出保存文件界面，将文件命名为"平面桁架模型"后保存	
32）运行结束后，可见此时的桁架已经产生了计算的变形结果，将鼠标移动到中间节点上，显示节点的位移数值	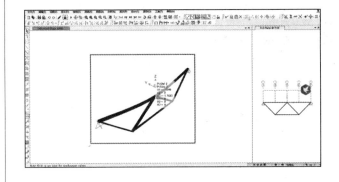
33）按下 F8 键，或者 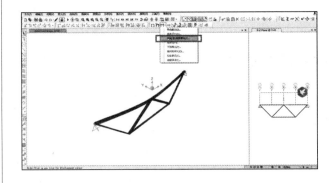 图标，或者依次点击菜单→显示→内力/应力，出现内力/应力对话框	

34）选择轴力，可得到轴力的分布，其中默认红色是压力，蓝色是拉力	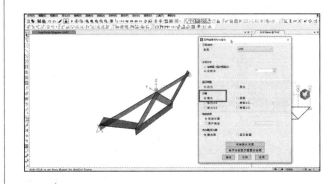
35）点击显示数值，可显示轴力的数值。由于本结构是静定结构，可通过节点力的平衡进行验证	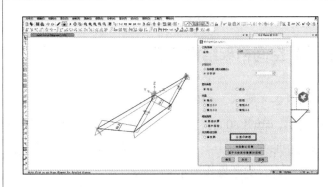
36）选择弯矩3-3，可显示弯矩图	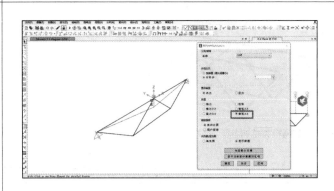
37）点击应力，此时出现应力值	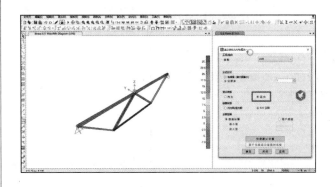

38) 在靠近杆件的中心轴线处点击右键, 出现框架全长的应力值的页面	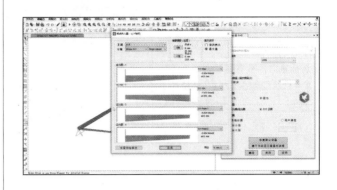

2.4.4 空间桁架结构分析

如图 2-8 所示, 本例在上一个平面桁架结构的基础上, 将前面的桁架向平面外方向复制, 距离 80mm。相对应节点间采用与上弦杆同面积的杆件进行连接。但荷载只作用在原来的跨中上弦节点上。表 2-5 给出此算例的整个计算流程, 并可扫描右侧二维码观看完整操作演示。

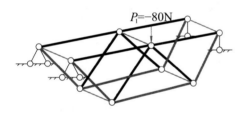

图 2-8 空间桁架结构分析

空间桁架结构分析

SAP2000 空间桁架结构计算流程	表 2-5

1) 打开上一个模型, 用鼠标选择全部杆件	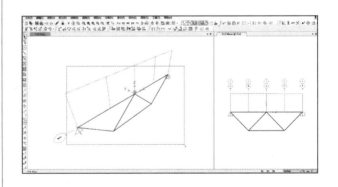

2）点击菜单→编辑→带属性复制

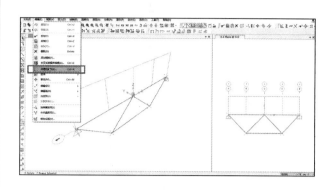

3）选择线性复制，在坐标增量中，将 dy 设置为 80mm，增量数据中的数量选为 1，取消勾选"删除源对象"

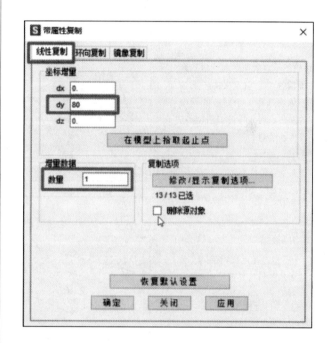

4）点击确认后，可发现主界面已经出现另一榀桁架，而且同样有支座（注：榀是过去对屋架通称的量词，通常是指一个平面结构体，常用于建筑学中）

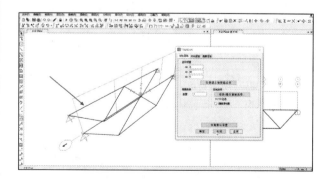

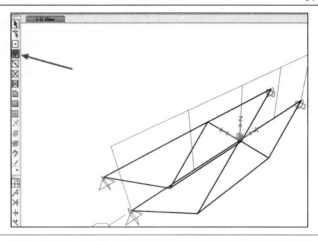

5）返回主界面，点击左侧图标栏的 ＼ 图标，进行快速杆件绘制

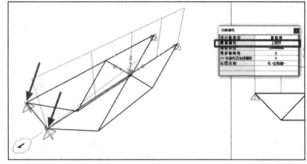

6）跳出图示对象属性对话框，选择截面属性为之前定义的"上弦杆"，依次选择图示对应的两个桁架的左节点后，按 ENTER 键结束此杆件的绘制

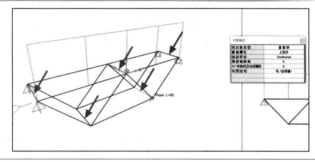

7）同上一步，在两榀桁架间，分别对应添加图示杆件连接

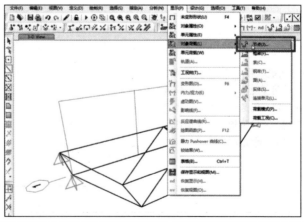

8）点击菜单→显示→对象荷载→节点，选择荷载模式为 LIVE

9）可见在两榀桁架的上部中点，都有一个垂直向下的 80N 荷载，根据题意，只需保留其中一个	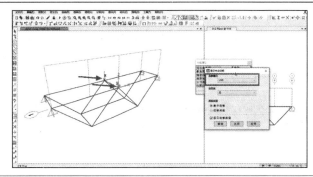
10）返回主界面，点击工具栏中的 ▤ 按键后，选择图示新增加的那一榀桁架的中部节点	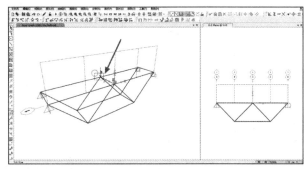
11）点击菜单→指定→节点荷载→集中荷载选项	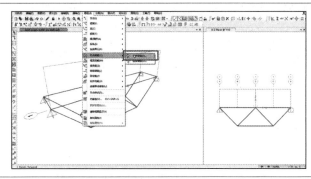
12）在指定集中荷载的面板中，选择删除现有荷载	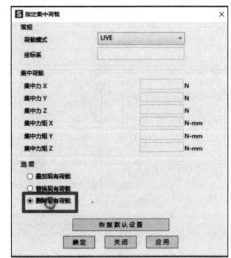

13）返回主界面，发现只剩一个节点荷载	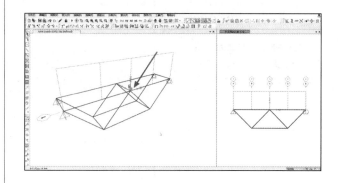
14）保存文件，将文件命名为"空间桁架模型"（注：若担心不小心覆盖原来文件，也可在第一步的时候将上一个模型"平面桁架模型 .sdb"文件拷贝一份后重命名为"空间桁架模型 .sdb"，再打开编辑）	
15）点击菜单→分析→设置分析选项	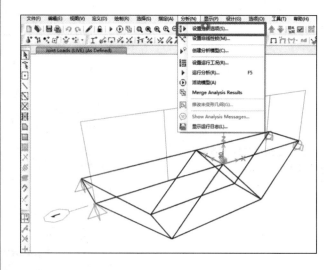

16）选择空间框架，点击确定

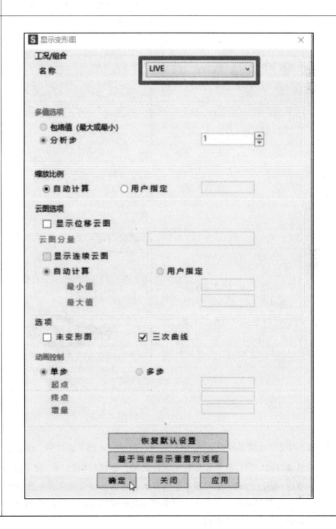

17）计算完毕后，点击 📷 按钮，出现显示变形图对话框，选择 LIVE 工况，点击确定

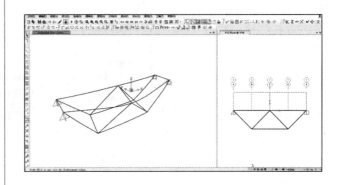

18）返回主界面，可见结构发生了偏心的变形，这与题意中只要求在其中一榀桁架施加荷载是对应的

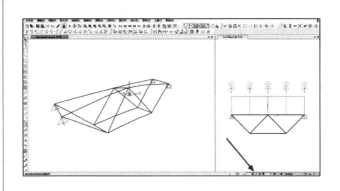

19）点击右下角的 开始动画 按键，可得此空间结构的变形动画

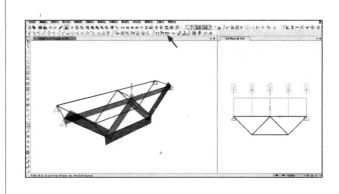

20）按下 F8 键，或 图标，或依次点击菜单→显示→内力／应力，出现内力／应力对话框，可显示结构的内力图

说明：SAP2000 的各种模型信息，都是保存在"*.sdb"文件中。保存这个文件即可进行备份。其他文件是在计算过程中产生的。模型在未运行之前，图标栏中的 属于开锁状态；运行后，此图标变成了锁住的状态 。此时无法对模型进行修改，对应的模型文件夹中除 sdb 文件外，也存在着大量的其他计算文件。若想对模型进行修改，可点击此图标进行解锁，此时除 sdb 文件外的计算文件都被删除，模型处于解锁状态，可进行编辑。

2.4.5 多工况组合分析

结构模型试验一般都有多级荷载,那么如何对此进行分析呢? SAP2000 中可通过荷载工况来完成。

如图 2-9 所示,在上一个模型的基础上进一步学习空间桁架模型在受到不同形式活载时的情况。工况 1:第一级的活荷载,与原结构类似,近侧这榀桁架的中点受到向下集中荷载 –80N 的作用。工况 2:第二级活荷载,远侧那一榀桁架中点受到 Z 向 –100N 的作用。工况 3:第三级活荷载,远侧那一榀桁架中点受到 Y 向 –20N 的作用。求每一种荷载下的响应,并考虑不同荷载组合,求结构响应。表 2-6 给出此算例的整个流程,并可扫描右侧二维码观看完整操作演示。

多工况组合分析

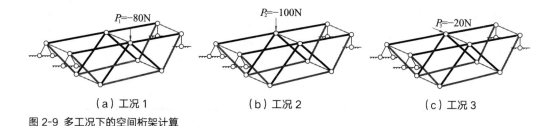

| (a) 工况 1 | (b) 工况 2 | (c) 工况 3 |

图 2-9 多工况下的空间桁架计算

SAP2000 多工况计算组合流程 表 2-6

1)打开上一个文件,将文件另存为如"空间结构多工况分析"后,再点击菜单→定义→荷载模式,添加 LIVE1 和 LIVE2 两个模式,分别用于工况 2、3	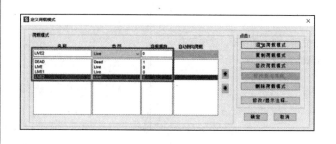
2)用鼠标选中远侧那榀桁架上弦杆中间节点,点击菜单→指定→节点荷载→集中荷载选项,选择荷载模式为 LIVE1,集中力 Z 为 –120N,点击应用(注:点击应用不会退出此界面)	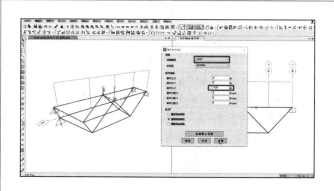

3）将荷载模式修改为LIVE2，集中力 Y 改为 −20N，点击确定

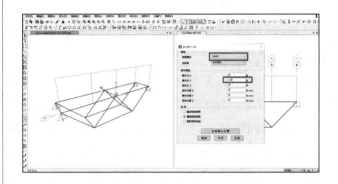

4）按F5进行分析，分析完成后，点击 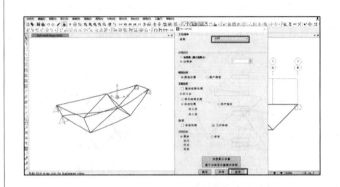 ，显示 LIVE 工况下的变形，这与上一个示例结果相同

5）显示 LIVE1 的变形，这与所施加荷载是相对应的

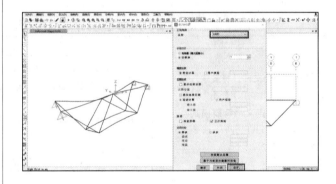

6）显示 LIVE2 的变形，也与所施加的水平荷载是相对应的。接下来希望得到不同荷载的叠加效应

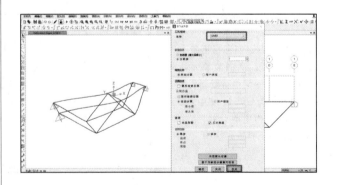

7）按下 F8 键，或 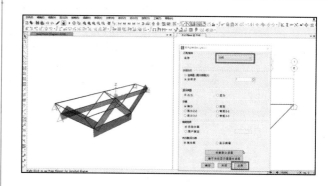 图标，或菜单→显示→内力 / 应力。选择 LIVE 工况（工况 1），可见其内力主要分布在近侧桁架

8）选择 LIVE1 工况（工况 2），可见其内力主要分布在远侧桁架

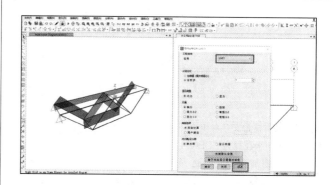

9）选择 LIVE2 工况（工况 3），可见其在两榀桁架上都产生了不小的内力

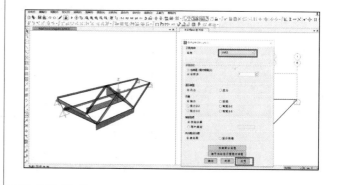

10）点击菜单→定义→荷载组合（注意，使用线性荷载组合是不需要重新计算的）

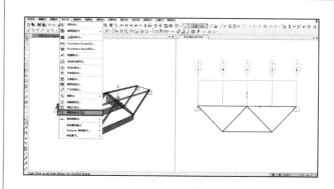

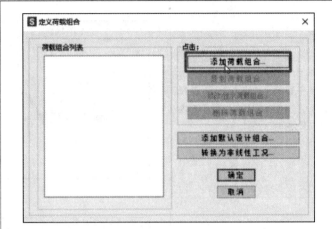

11）点击添加荷载组合

12）可根据需要定义多种组合。比如定义第一级荷载为"DEAD+LIVE"，在施加荷载中，选择DEAD，比例系数1，点击添加；选择LIVE，比例系数1，点击添加，再点击确定后返回

13）实际工程设计中，也可定义不同的分项系数组合，如1.3DEAD+1.5LIVE

14）结构竞赛常有多级荷载，比如第二级荷载和第一级是叠加的，则可定义如"DEAD+LIVE+LIVE1"的组合

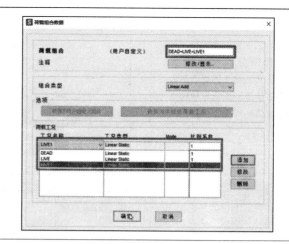

15）也可定义三级活载的组合 DEAD+LIVE+LIVE1+LIVE2，可根据需要选取，由于现在都是采用线性分析，所以程序只是进行简单的叠加

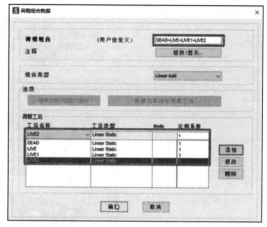

16）按下 F8 键，或者 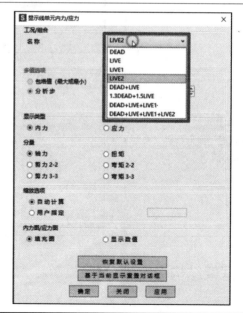 图标，或者选择菜单中的显示 – 线单元内力／应力，出现内力／应力对话框，可见此时的工况组合中已经多了几个新增的荷载组合

17）选择 DEAD+LIVE 工况显示结构自重及工况 1 的组合效应。可分别显示两种工况单独内力，再提取数值进行叠加，验证组合工况结果	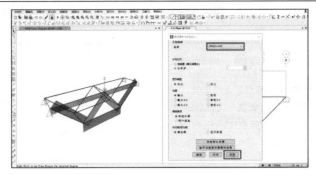
18）选择 DEAD+LIVE+LIVE1 工况，可得到自重、工况 1、工况 2 组合下的结构内力	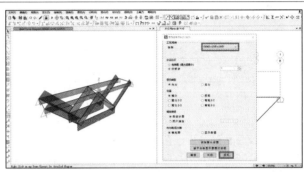
19）选择 DEAD+LIVE+LIVE1+LIVE2 工况，可得到所有工况组合下的结构内力	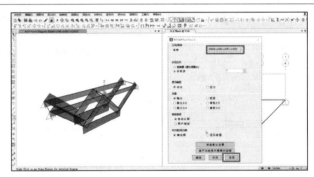
20）也可选择"显示数值"来显示此时的轴力图	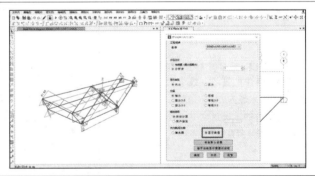

2.4.6　框架结构稳定性分析

在第 1 章提到，结构的安全性除强度之外，还包括刚度和稳定性。强度和刚度在前面的示例中具体体现在应力和位移上，但是稳定性问题还没有提及。第 1.2.6 节提到，对于两端铰接的轴心受压杆件，其临界力可用欧拉临界力公式来进行计算。但是当问题拓展为复杂支座或者多杆件联合形成结构时，大家需要在学习"结构稳定"这门课程后，才能深入理解。但结构的临界荷载也可通过计算机分析得到，具体的分析原理可参考 SAP2000 的理论手册。下面以一个多层桐木框架为例，来展示 SAP2000 稳定性分析的流程。表 2–7 给出此算例的整个流程，读者可扫描右侧二维码观看完整操作演示。

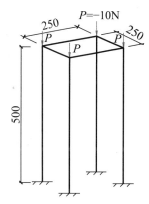

图 2-10 进行稳定性计算的框架结构（mm）

如图 2–10 所示，一个桐木框架，高度 500mm，平面尺寸 250mm×250mm，杆件均为截面尺寸为 6mm×6mm 的实心方形截面，在 4 个立柱的顶部分别施加 –10N 的集中荷载，求结构在这种荷载作用下失稳模态对应的荷载因子（即每个集中力达到 –10N 的多少倍时，会出现失稳的情况）。

材料参数：桐木条的弹性模量设置为 10000 N/mm^2（本数值来自第三届全国大学生结构设计竞赛赛题，读者可根据实际情况进行修正），密度 0.3g/cm^3（3×10^{-6}N/mm^3）。

框架结构稳定性分析

SAP2000 框架结构稳定性分析流程　　　　　　　表 2-7

1）新建模型，单位修改为"N，mm，C"，选择新建模型为"三维桁架"	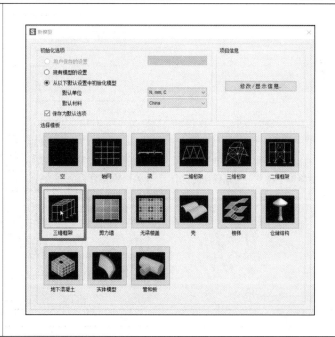

2）出现对话框，点击梁截面右侧的"+"号

3）点击添加框架截面，选择矩形截面后，将宽度和高度都设为6mm，点击材料属性下方的"+"号按键

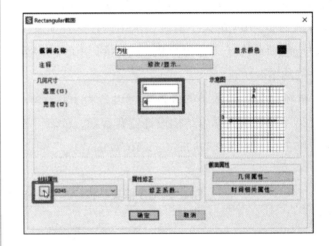

4）跳出定义材料的框，点击"添加材料"按键，可选择国家地区为"China"，材料类型为"Other"（其他）

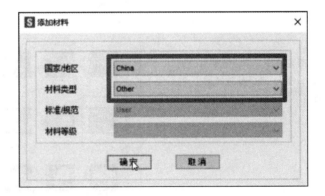

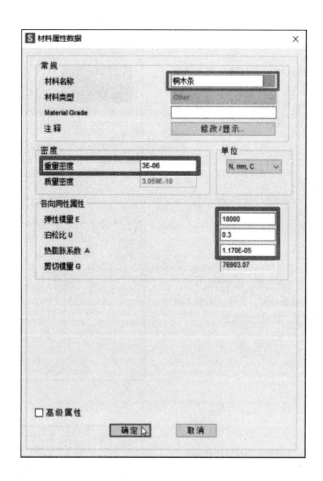

5）输入图示参数，其中重量密度输入"3E-06"，弹性模量输入"10000"，材料名称为"桐木条"

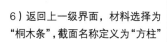

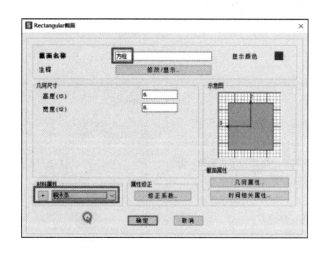

6）返回上一级界面，材料选择为"桐木条"，截面名称定义为"方柱"

续表

7）返回到上一级菜单，定义楼层数为1层，开间数 X, Y 均为1，楼层高度500mm，开间宽度、高度都为250mm	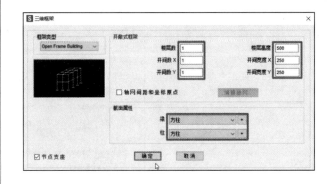
8）点击确定后，返回到主界面，展示如图模型。此时，左侧为轴测视图，右侧为立面图	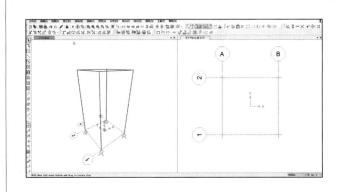
9）点击菜单→定义→荷载模式，添加荷载模式，名称、类型、自重乘数分别选为LIVE、Live、0，添加除自重外的另一荷载模式	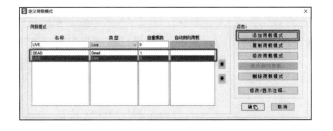
10）用鼠标选中上部杆件和节点，点击菜单→指定→节点荷载→集中荷载选项	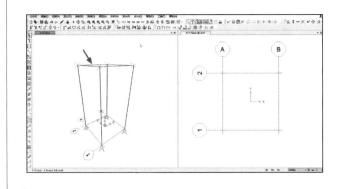

11）荷载模式选择 LIVE，集中力 Z 选择 −10N	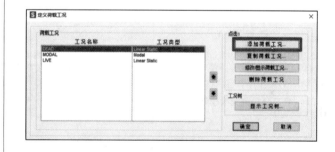
12）点击菜单→定义→荷载工况，添加荷载工况	
13）在工况类型中，选择 Buckling（稳定分析）	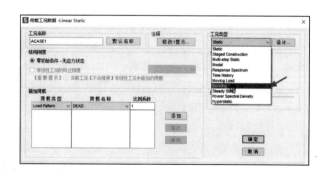

14）将工况名称定义为"稳定分析"，在施加荷载中，添加 LIVE，比例系数为 1，模态数量 6

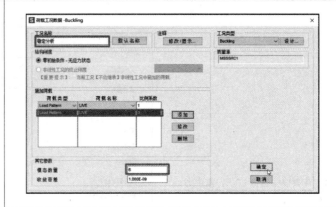

15）点击菜单→分析→设置运行工况，出现此页面，选中 Modal 后，点击右侧"运行 / 取消运行"按键，而后点击运行分析

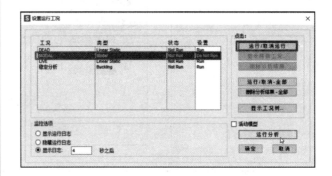

16）跳出文件保存界面，将文件命名为"稳定分析 – 结构模型"

17）计算完毕后，点击 按钮，显示变形图对话框，选择工况组合为稳定分析，点击确定

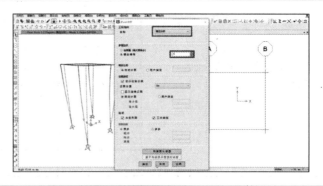

18）可得第一阶模态的因子（在变形图的标题栏）是 0.912，这表明结构的失稳临界荷载，是所施加的 –10N 的 0.912 倍，即每个节点荷载约为 9.12N 时，结构将出现失稳

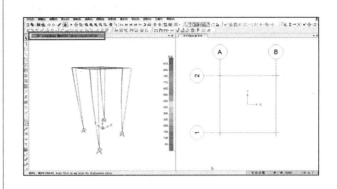

19）点击 开始动画 ← → 右侧的向右箭头按键，可显示第二阶模态，荷载因子同样是 0.912，形状和第一阶模态类似，但方向旋转了 90°

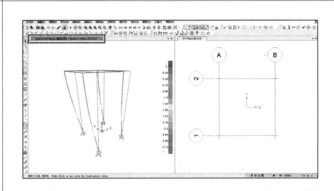

20）第三阶模态，荷载因子为 0.938，结构产生扭转

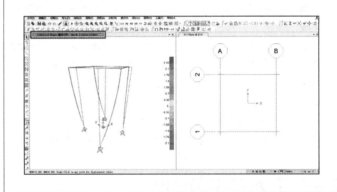

21）第四阶模态，荷载因子为 8.640

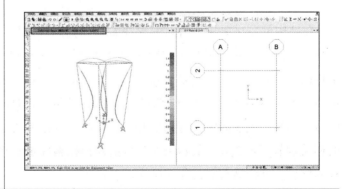

22）第五阶模态，荷载因子为 8.640	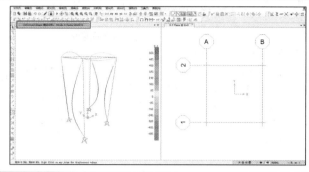
23）第六阶模态，荷载因子为 9.732	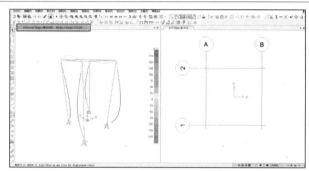

注：结构失稳有三种类型：平衡分岔失稳、极值点失稳和跃越失稳。后两者均涉及非线性分析，本书未介绍。本算例中计算的是平衡分岔失稳，SAP2000中采用结构特征值分析的方法，对应失稳时的荷载称作屈曲荷载，也被称为临界荷载。采用屈曲因子 × 所施加实际荷载来表征屈曲荷载。具体理论可参考 SAP2000 的理论手册。

本算例中所采用的六阶的模态数是软件默认的阶数。其实对于连续体结构是有无穷多阶模态的，但是一般而言，前几阶模态是非常重要的，最低阶的模态表示该失稳模式最容易出现。以本示例的第一阶模态为例，计算结果表明在 9.12N 的时候，结构将出现失稳，此时杆件的应力仅达到 9.12N/（6mm × 6mm）= 0.253MPa，假设木材的强度为 30MPa，则材料在还没有完全充分利用的情况下，就会因为失稳而发生破坏，材料的利用率非常低。对于本示例，可通过减小柱子的计算长度来提高结构的稳定性。读者可修改本模型，通过在柱子高度中部增设一圈横梁，来进行结果对比。

2.4.7 移动荷载计算分析

在结构模型试验中，有时候存在着移动荷载等问题，比如小车经过桥梁。一种可行的做法，是建立多个荷载模式，分别分析，再通过导出结果表格的方式来得到结构的最不利内力。但若是比较简单的小车沿车道走动的问题，可通过 SAP2000 中的车道分析功能来完成，并可获得移动荷载的内力影响线。关于影响线方面的知识，可参见《结构力学》教材的相关章节。表 2-8 中展示采用默认的建模模板完成一个移动荷载的例子。可扫描右侧二维码观看完整演示。

移动荷载计算分析

如图2-11所示，一个每跨为6000mm的两跨连续梁结构，工字形截面如图所示（内置快速建模模块将包含此截面），采用Q345钢材，荷载P沿着梁跨移动，求荷载的影响线。

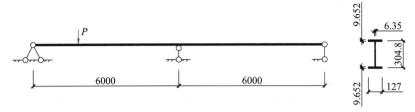

图2-11 两跨连续梁的移动荷载计算（mm）

SAP2000进行移动荷载计算流程　　　　　　　　　　表2-8

1）新建模型，单位修改为"N, mm, C"，选择新建模型为"梁"	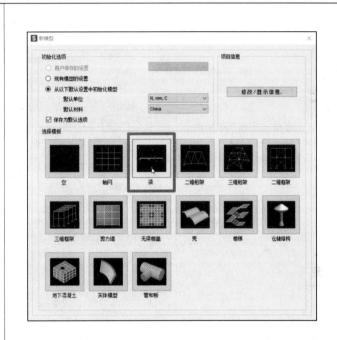
2）出现对话框，定义跨数为2跨，跨度为6000mm，采用默认设置，此时梁截面及材料对应题目中的要求，按确定键	

3）点击确定后，返回到主界面，得到两跨连续梁。左侧为轴测视图，右侧为立面图	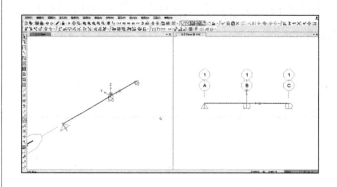
4）点击菜单栏中的 ☑ 图标，跳出设置视图选项，选择框架 – 标签	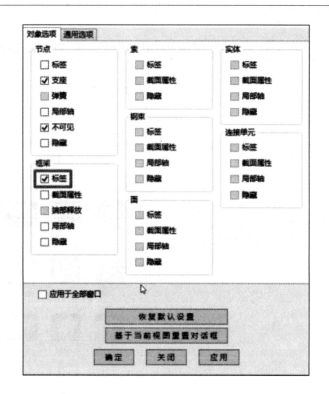
5）返回到主界面，此时，左侧的视图中出现框架的标签1和2	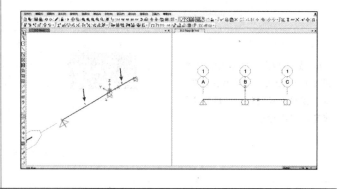

6）点击菜单→定义→移动荷载→轨道	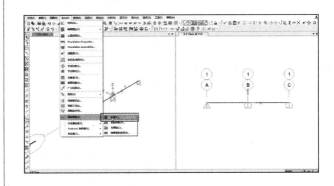
7）点击添加轨道	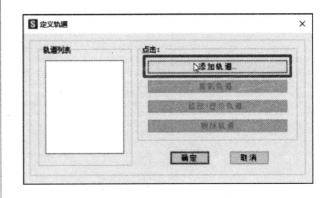
8）在框架对象中，选择框架对象1，中心线偏移 0，点击添加。同理再添加框架 2。在离散化中，定义最小离散数量为 20	

9）点击菜单→定义→移动荷载→车辆荷载	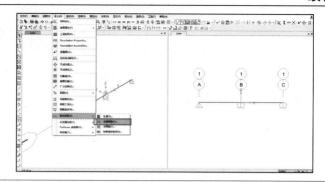
10）点击添加车辆	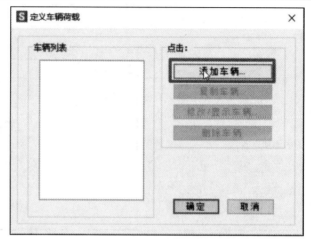
11）修改荷载长度类型为 Leading Load，轴压荷载为 1	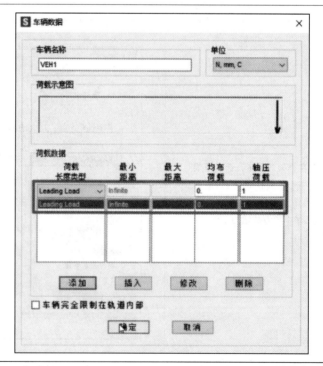

12）返回界面后，点击确定	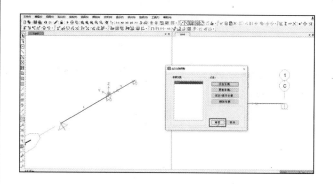
13）点击菜单→定义→荷载工况	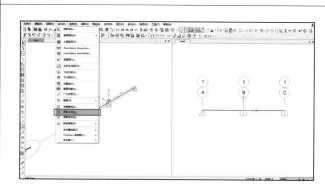
14）点击添加荷载工况	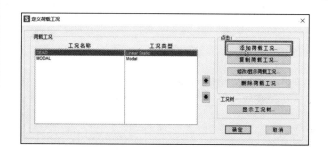
15）定义荷载工况名称为"移动荷载"，工况类型为 Moving Load，施加荷载中，选择 VEH1，采用默认参数后，点击确定	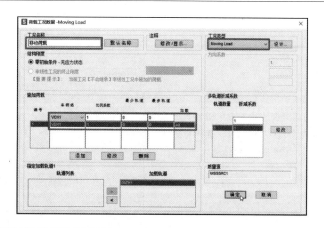

16）返回上一级界面，荷载工况中出现移动荷载工况

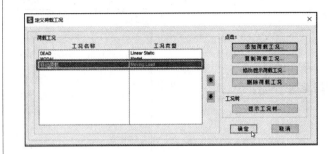

17）点击菜单→分析→设置运行工况，出现此页面，选中 DEAD 和 MODAL 后，点击右侧"运行/取消运行"按键，点击运行分析

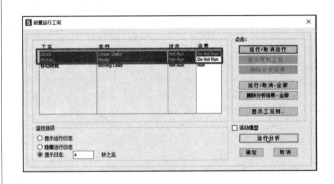

18）跳出保存文件对话框，将文件命名为"影响线－梁"

19）运行结束后，按下 F8 键，出现内力/应力对话框，选择弯矩 3-3，可得内力包络结果

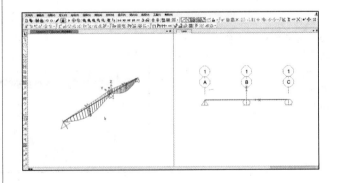

20）修改为剪力 2-2，可显示剪力包络图	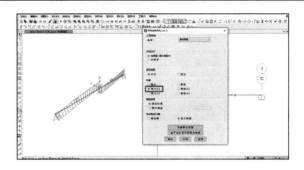
21）点击菜单→显示→影响线	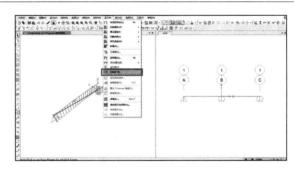
22）在绘图对象的框架标签中填 1，相对距离选择 0.5，分量选择弯矩 3-3，点击应用	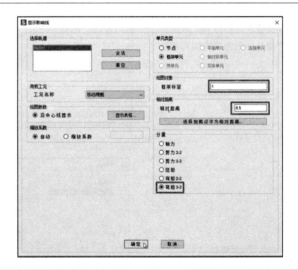
23）可得框架 1 的中间截面处对应的弯矩影响线	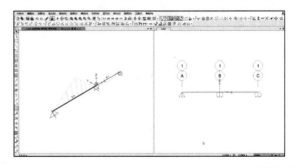

24）重新进入影响线界面，选择相对距离为0.2，点击确定

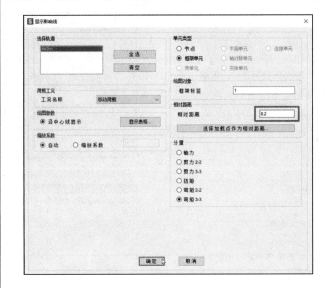

25）可得框架1在距离左端全长20%位置处的截面对应的弯矩影响线

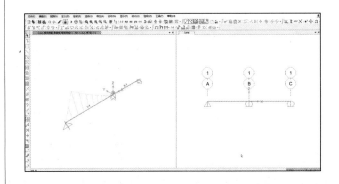

26）重新进入影响线界面，选择分量为剪力2-2

27）可得框架 1 距离左端全长 20% 位置处的截面对应的剪力影响线	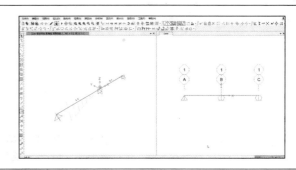

2.4.8 结构时程分析

地震分析是工程设计中的重要问题。关于地震分析方法有振型分解反应谱法、时程分析法等多种方法。第五届及第八届全国大学生结构设计竞赛都曾经以小型振动台作为加载装置，对安装于其上的结构施加地震波时程，检验结构的安全性。

本例采用第五届全国大学生结构设计竞赛所给出的地震波，计算某框架结构地震时程下的结构响应。图 2-12 所示为一个 2 层的桐木框架。每层层高 250mm，平面尺寸 250mm×250mm，杆件尺寸均为实心方形截面，在 4 个立柱的顶部分别施加 –25N 的集中荷载。采用振动台单方向加载，通过输入实测地震动数据模拟实际地震作用。振动台输入的地震波取自 2008 汶川地震中什邡八角站记录的 NS 方向加速度时程数据，原始记录数据点时间间隔 t 为 0.005s，即数据采样频率 f 为 200Hz，全部波形时长为 205s，峰值加速度为 581gal。截取原始记录中第 10~42s 区间内的数据，并通过等比例调整使峰值加速度放大为 1000gal，作为加载所用的基准输入波，如图 2-13 所示，其数据文件可通过扫描右侧二维码下载，求结构分别在小震（0.353g）、中震（0.783g）和大震（1.130g）下的结构响应。桐木条材料性能同前。表 2-9 给出此计算流程，并可扫描表右侧二维码观看操作演示。

基准输入波

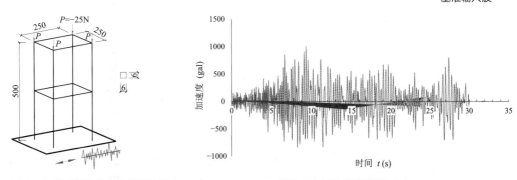

图 2-12 进行时程分析的框架结构（mm）   图 2-13 加载用的基准输入波

结构时程分析

1）新建模型，单位修改为"N，mm，C"，选择新建模型为"三维框架"

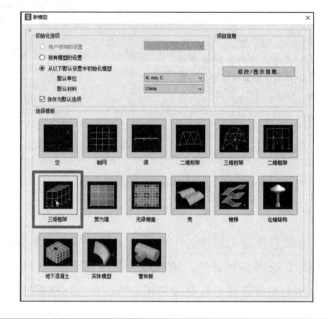

2）出现对话框，定义楼层数为2，高度为 250，X，Y 向的开间数都为 1，宽度为 250，点击梁截面右侧的"+"号

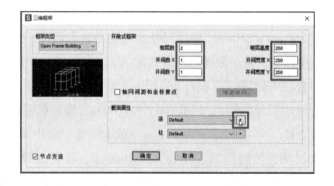

3）点击添加框架截面，选择矩形截面后，将宽度和高度都设为 6mm，点击材料属性下方的"+"号按键

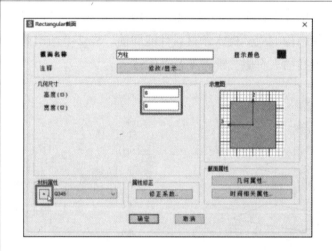

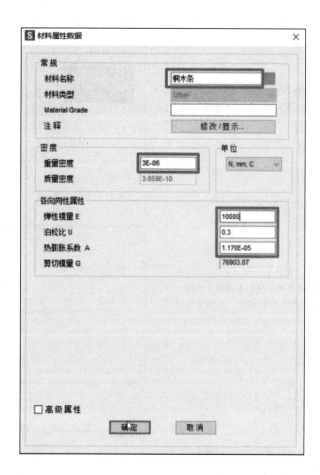

4）同前面几个例子，添加新材料，输入图示参数，其中重量密度输入"3E-06"，弹性模量输入"10000"，材料名称为"桐木条"

5）将构件的截面定义为"方柱"，点击确认

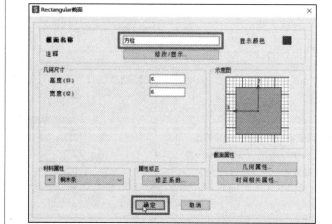

6）返回到上一级菜单，确认梁和柱截面属性为方柱，点击确认	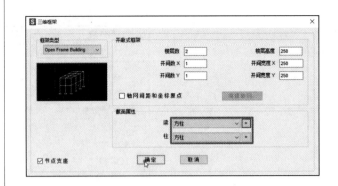
7）点击确定后，返回到主界面，得到两层框架结构。左侧为轴测视图，右侧为平面图	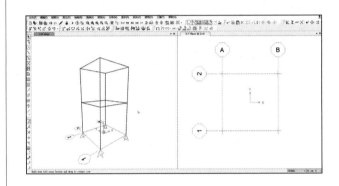
8）点击菜单→定义→荷载模式，添加荷载模式，名称、类型、自重乘数分别选为LIVE、Live、0，添加除自重外的另一荷载模式	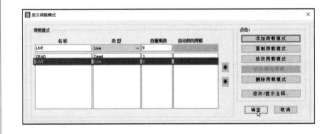
9）用鼠标选中上部杆件和节点，点击菜单→指定→节点荷载→集中荷载选项	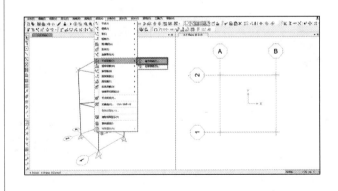

10）荷载模式选择 LIVE，集中力 Z 选择 −25N	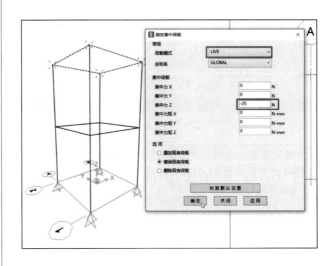
11）点击菜单→定义→质量源，这是进行动力计算时需要完成的操作	
12）点击修改 / 显示→质量源	

13）修改质量源为荷载模式，在荷载模式中，添加 DEAD 和 LIVE，系数都为 1	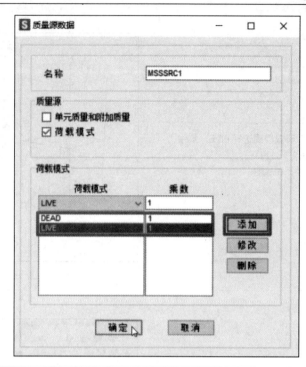
14）点击菜单→定义→函数→时程函数	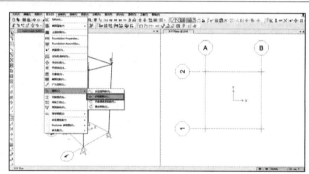
15）点击添加函数	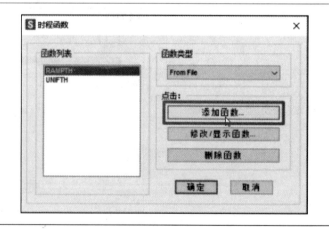

16）找到文件"2008年汶川地震波基准输入波（32秒）数据"，本数据文件来源于第五届全国大学生结构设计竞赛

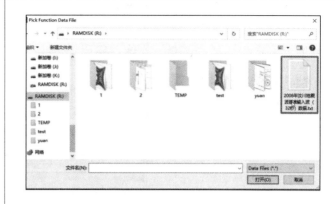

17）此时函数图形显示出来，将函数定义为"汶川波"，函数值选中等间距的函数值，5.000E-3，其他常数如图示

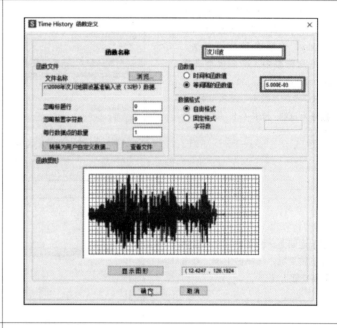

18）返回上一级菜单，可见函数列表中已有"汶川波"的时间函数

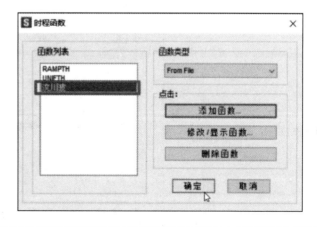

19）点击菜单→定义→荷载工况	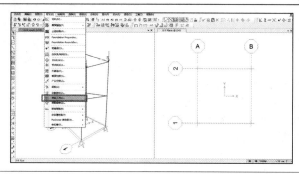
20）点击添加荷载工况，定义工况名称为小震，工况类型为 Time History，求解类型为模态法，在施加荷载中，荷载类型选择 Accel，荷载名称 U1，函数为汶川波，比例系数为 0.353，时间步数量为 500，步长 0.1，即准备计算 50s	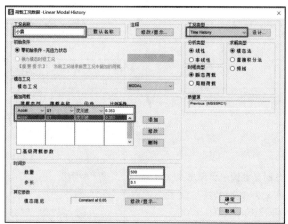
21）返回上一级菜单，可见已增加小震工况，选择该工况，点击复制荷载工况	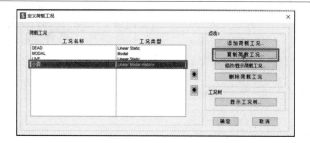
22）将工况名称改为中震，比例系数修改为 0.783	

23）同理添加大震工况，比例系数修改为 1.130	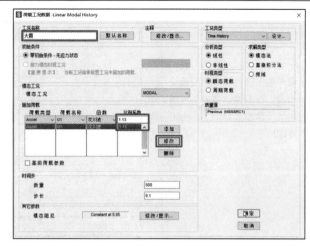
24）返回主界面，点击 ▶ 图标或菜单→分析→设置运行工况	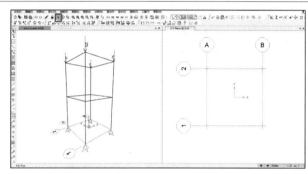
25）点击运行分析	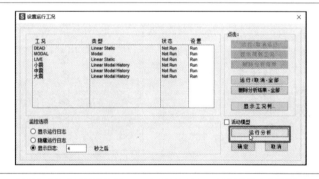
26）跳出保存文件界面，将文件命名为"时程分析 – 结构模型"	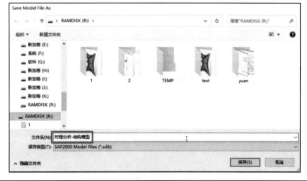

27）计算完毕后，点击 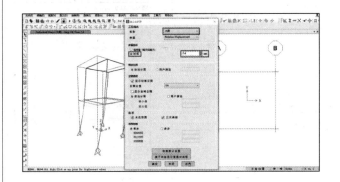 按钮，显示变形图对话框，选择工况组合为大震，在多值选项中，可选择包络值（最多或最小），也可指定具体时间点

28）点击 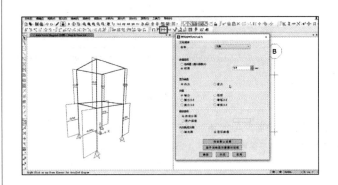 按钮，可查看构件内力或者应力，比如图示某一时刻的轴力

29）选择包络值（最多或最小），可得到在整个加载时程中的轴力包络值

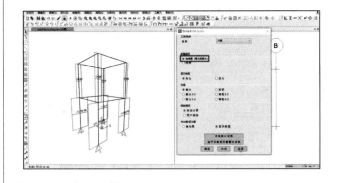

30）修改为弯矩3-3，查看弯矩包络图

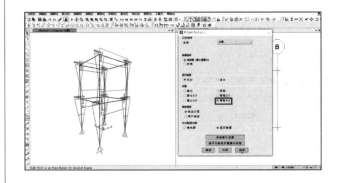

31）查看某一时刻的弯矩图	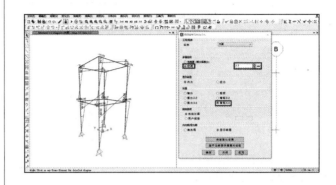
32）查看某一时刻的剪力图	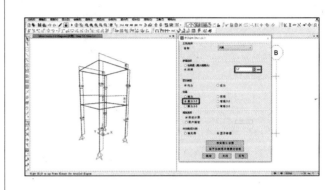
33）查看剪力包络图	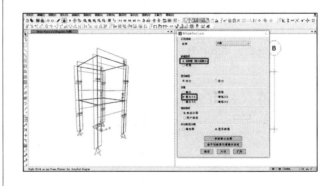
34）查看小震下的剪力包络图，可与大震下的结果进行对比分析	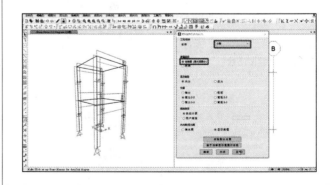

35）勾选菜单栏中的 ☑ 图标，跳出设置视图选项，选择框架 – 标签，节点 – 标签

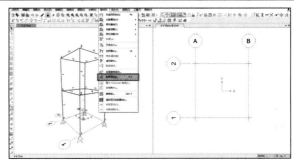

36）点击菜单→显示→绘图函数

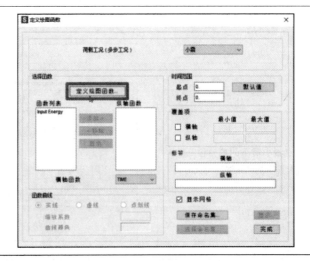

37）点击定义绘图函数

38）确认函数类型为 Joint Disps/Forces 后，点击添加函数	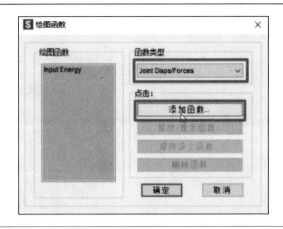
39）在节点函数界面，修改节点标签为 2，函数类型为加速度，分量为 UX，点击确定	
40）同理，增加显示节点 3 加速度的 Joint3	

41）修改函数类型为 Load Functions 后，点击添加函数	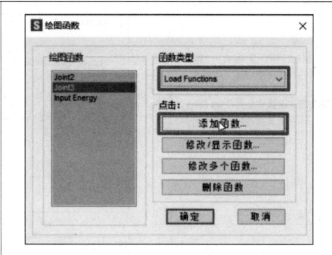
42）选择荷载名称 acc dir 1，点击确定	
43）返回上一级，此时已有 Joint2、Joint3、acc dir 1 等几个绘图函数	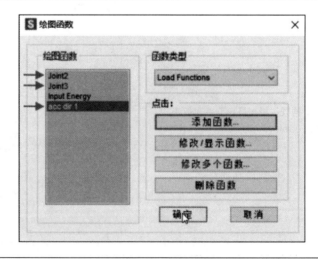

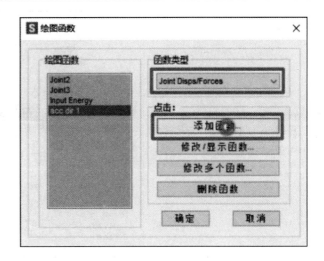

44）为进行对比，查看1点的加速度，确认函数类型为 Joint Disps/Forces 后，点击添加函数

45）在节点函数界面，修改节点标签为1，函数类型为加速度，分量为 UX，点击确定

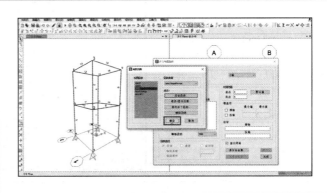

46）此时绘图函数如图所示，点击确定，返回上一级菜单

47）在函数列表中，选择 Joint1 后，按"添加 –>"按键，可见 Joint1 被添加到纵轴函数中	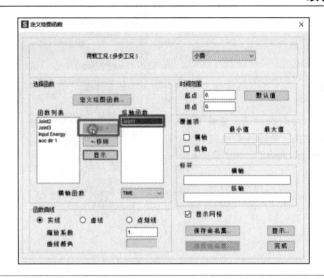
48）点击显示	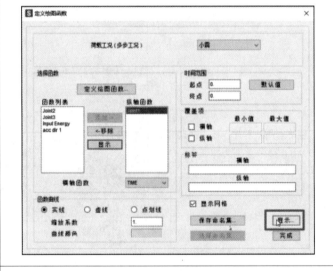
49）可发现此时的 1 点是没有加速度的，这说明相对加速度是用 1 点作为基准点的，所以 1 点的相对加速度等于 0	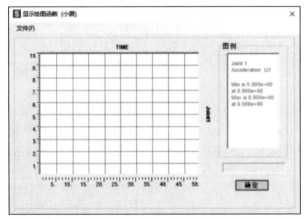

50）返回上一级菜单，移除 Joint1，添加 acc dir 1 后，可修改曲线颜色，点击显示

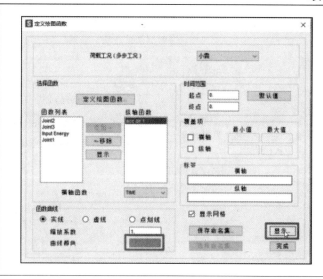

51）显示横坐标轴有 50s，曲线形状与汶川波形状有些相似

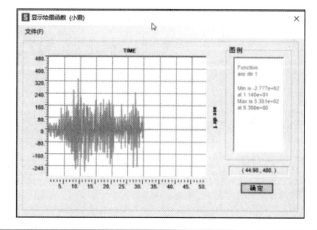

52）添加 Joint2

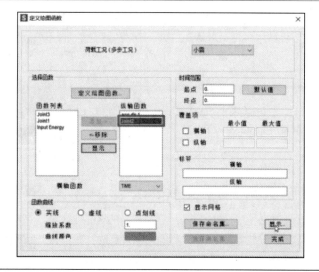

53）修改曲线颜色为另外的颜色，之后点击显示	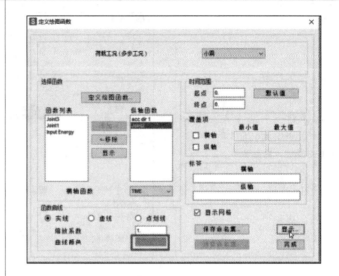
54）此时，可得基底加速度与节点 2（Joint2）加速度的对比	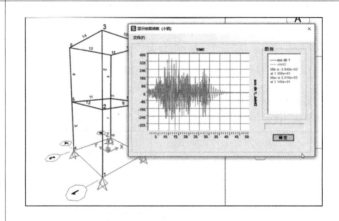
55）再增加 Joint3，修改颜色后，点击显示	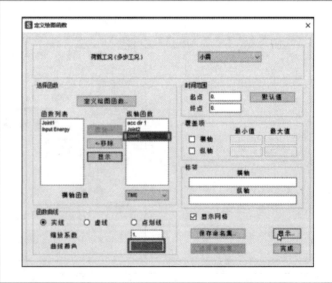

56）此时可得基底、节点2（Joint2）、节点3（Joint3）的加速度对比图	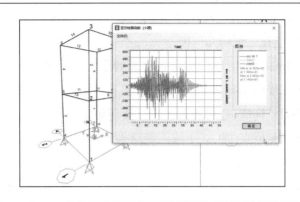

2.4.9 导入 AutoCAD 模型的分析

（1）AutoCAD 建模基本知识

前面讲解的例子均采用 SAP2000 直接进行建模，有时 SAP2000 的建模不够便捷，也可采用 AutoCAD 进行建模，并将模型导入 SAP2000 进行分析。AutoCAD 是功能强大的绘图软件。但在结构模型的建模过程中，需要用到的命令并不多，主要是定位、画线、画面等操作，以及一些 3D 视图的操作及基本编辑功能，以下以 AutoCAD2022 为例对此进行简介。

1）直线的绘制

AutoCAD 打开之后，有如图 2-14 所示界面，可用几种方式来进行绘图。左边是图标栏，下面是命令行，上边是菜单栏。可选择任何一种方式进行。

可点击图标栏第一个 图标，或者在命令行键入"line"命令，或者如图 2-15 所示点击菜单→绘图→直线，即可进行直线的绘制。由于 SAP2000 对于弧线的支持较为一般，建议对于弧形梁可用折线进行代替。

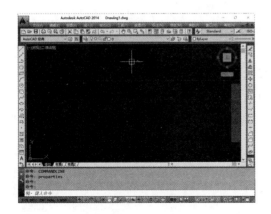

图 2-14 AutoCAD 界面

图 2-15 绘制直线的图标

2）点坐标的定位

在 AutoCAD 中创建对象时，可使用绝对或相对坐标定位点。建议在原点（0，0，0）附近建立结构几何模型。

AutoCAD 的坐标定位有常规的笛卡尔坐标系，也有柱面坐标系和球面坐标系。笛卡尔坐标系有 3 个轴，即 X、Y 和 Z 轴。输入坐标值时，需要给出点的 3 个绝对或者相对坐标值。也可通过极坐标使用距离和角度来定位点。使用笛卡尔坐标和极坐标，均可基于原点（0，0）输入绝对坐标，或基于上一指定点输入相对坐标。

以下为 AutoCAD 的"动态输入"模式的操作方式。"动态输入"是 AutoCAD 的一项功能，可让用户在十字光标附近输入坐标值、长度值和角度值等，默认切换方式是按 F12 键。

① 2D 笛卡尔绝对坐标：可用"#"加 X 和 Y 坐标来定位点，如直线的起点和终点，具体命令如下：

```
命令：line
起点：#-2, 1
下一点：#3, 4
```

② 2D 笛卡尔相对坐标：相对坐标是基于上一输入点的。如果知道某点与前一点的位置关系，可使用相对 X、Y 坐标。

要指定相对坐标，需在坐标前面添加一个 @ 符号。例如，输入 @3，4 指定一点，此点距离上一指定点沿 X 轴方向有 3 个单位、沿 Y 轴方向有 4 个单位。相关命令如下：

```
命令：line
起点：#-2, 1
下一点：5, 0
下一点：@0, 3
下一点：@-5, -3
```

③ 2D 绝对极坐标

创建对象时，可使用绝对极坐标或相对极坐标（距离和角度）定位点。要使用绝对极坐标指定一点，输入"#"之后，以角括号（<）分隔的距离和角度来定位点，如下所示：

```
命令：line
起点：#0, 0
下一点：#4<120
下一点：#5<30
```

④ 2D 相对极坐标

和 2D 笛卡尔坐标类似，若采用相对极坐标时，是用 @ 加上以角括号（<）分隔的距离和角度来定位点。

⑤ 3D 笛卡尔坐标

结构模型中，还需要用 3D 模型，三维笛卡尔坐标通过使用 3 个坐标值来指定精确的位置：X、Y 和 Z。可通过输入三维笛卡尔坐标值（X, Y, Z）来定位。而相对值和绝对值也都是采用 @ 或者 # 来表示。

3）3D 视图的操作

① 3DORBIT（命令）：在命令行中键入 3DO，即可在当前视口中激活三维动态观察视图，从而通过鼠标控制视图旋转。

② DDVPOINT（命令），会跳出图 2-16 所示的视点预设对话框，可定义三维视图设置。当选择"设置为平面视图"时，可更换到 XY 平面。

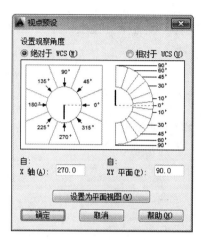

图 2-16 三维视图的控制

4）几个常用命令

在结构建模中，一般还会用到表 2-10 所示的几个命令。

AutoCAD 常用功能

表 2-10

命令	简写	功能	命令	简写	功能
ZOOM	Z	缩放视图	ERASE	E	删除物体
COPY	CO	拷贝物体	MOVE	M	移动物体
ARRAY	AR	阵列物体	OSNAP	OS	捕捉设置
F3	—	捕捉模式切换	F8	—	正交锁定切换

一般具备以上基本知识，可建立三维的 CAD 模型。其他相关命令可通过查阅软件的"帮助"操作。

（2）AutoCAD 建模及导入 SAP2000 范例

下面以图 2-17 中第十二届全国大学生结构设计竞赛的某空间结构模型为例，介绍如何从 AutoCAD 中建模并导入到 SAP2000 中进行分析。表 2-11 给出了建模分析流程，并可扫描表右侧二维码观看完整演示。

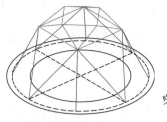

（a）轴测图

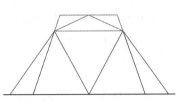

A (0,509.12,0)
B (360,360,0)
C (220,220,400)
D (183.8,0,500)

R375
R509.12
R550

（b）俯视图及定位尺寸

（c）立面图

图 2-17 某空间结构示意图

AutoCAD 建模及导入 SAP2000 分析范例   表 2-11

1）在 AutoCAD 中，点击"图层特性"按钮	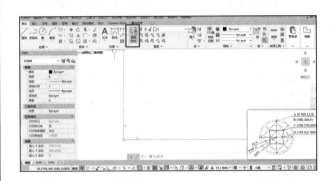
2）点击 图标，新建图层 1，2，3，并赋予不同的图层颜色，本例中分别为蓝色、红色、洋红色	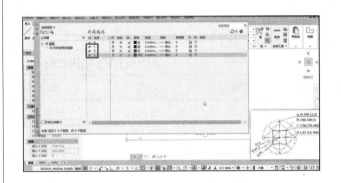
3）在图层栏中，切换当前层为图层 1	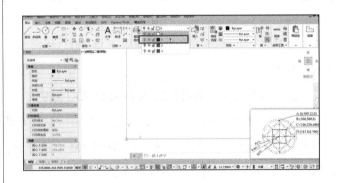

AutoCAD 建模及导入SAP2000的分析

4）在图层 1 中，绘制蓝色的斜长柱。做法：键入命令 Line，起点坐标输入 360，360，0；第二点坐标输入 220，220，400，回车结束

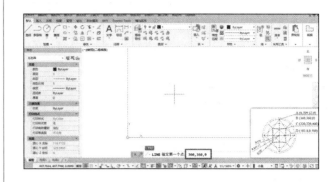

5）得到一根蓝色的斜线

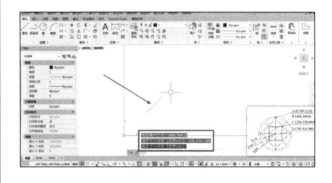

6）切换到图层 2，绘制直线，起点坐标（0，509.12，0），第二点（220，220，400），第三点（509.12，0，0）；切换到图层3，绘制直线，起点坐标（220，220，400），第二点（183.8，0，500），第三点（0，183.8，500），第四点（220，220，400），第五点（220，-220，400），得到图示图形

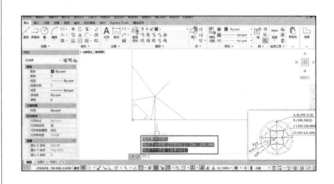

7）键入命令 3DO，旋转视图，可得图示的三维立体图。再键入DDVPOINT（命令），选择设置为平面视图，可更换到 *XY* 平面

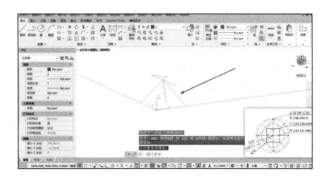

8）键入命令 ARRAY，选择所有的直线，回车，键入 PO（极轴），回车，键入 0，0，回车，键入 I，键入 4，回车，键入 AS（关联），回车，键入 N（否），回车 2 次，得到图示空间结构	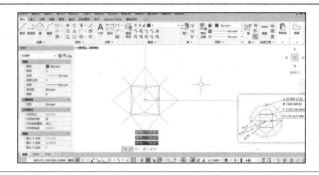
9）存盘为"export.dwg"	
10）键入 3DO 命令，旋转可观察此图形	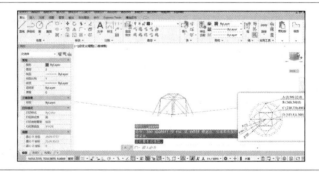
11）点击文件→另存为，选择 AutoCAD R12/LT2 dxf 格式，保存为"export.dxf"，而后关闭此文件	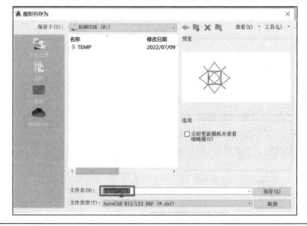

12）切换到 SAP2000，点击菜单→导入→ AutoCAD 文件（dxf），选择"export.dxf"文件	
13）选择方向为 Z，单位为"N，mm，C"	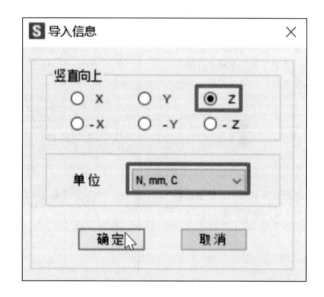
14）在框架对象处，勾选 1，2，3，这表明 0 层的物体是无法导入的，所以在构建 CAD 模型的时候，注意可根据不同的截面类型分图层	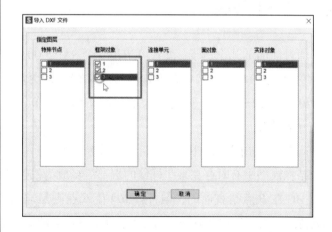

15）导入完成后，SAP2000 中出现了之前建立的几何模型。此时可如前面的例子建立材料及 3 种截面的杆件；然后可通过点击菜单→选择→选择对象组或者按 Ctrl+G，来依次选择 1，2，3 这三组不同的杆件集合，再分别赋予不同的杆件截面	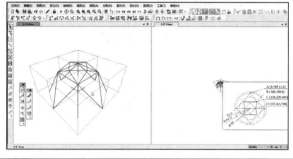
16）参考前面例子，切换到拉伸视图，可得显示截面形状的结构立体图形。而后可选择底部的 8 个节点，点击菜单→指定→节点→支座，施加约束，并创建 Live 荷载模式，选择上部某个节点加荷载。保存文件，运行分析	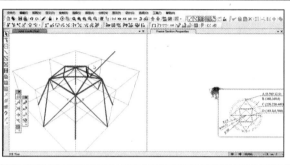
17）经过计算分析后，可得结构的受力变形，表明计算成功	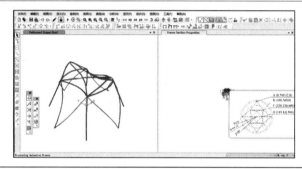

2.4.10 相关问题

通过前面的几个例子，读者可初步学会 SAP2000 针对结构模型分析的基本操作。该软件功能强大，大家可参考软件帮助文档进行更加深入地认识，即点击 SAP2000 的菜单→帮助→文档，里面有大量学习文档。此节针对结构模型分析中相关问题进行简单补充说明。

问题 1：如何释放杆件的端部自由度？

结构模型中有时存在某些杆件的端部需释放为铰接的情况。如图 2-18（a）所示，横梁 AC 在 B 点是直通的，但杆件 BD 在 B 点则是端部铰接。此时可选择 BD 杆件，点击菜单→指定→端部释放，针对弯矩 M33（主轴），选择起点或者终点进行释放，所释放的杆件端部显示出小绿点，用户需检查结构模型图中的释放位置是否正确。也可通过菜单→显示→单元属性→框架，勾选框架局部轴，来查看框架的起点和终点位置。

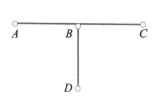

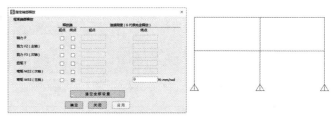

（a）节点释放示意图　　　　　　　　　　（b）SAP2000 框架端部释放操作

图 2-18　释放杆件端部自由度

问题 2：如何考虑实际的节点刚度？

软件分析中结构模型的节点一般采用刚接支座或者铰接支座。但实际手工制作中，却无法做到完全的刚接或者铰接。这可通过在图 2-18（b）界面中设置连接刚度来进行考虑，但该刚度取值也较难确定。另外可采用的方法是建立多个计算模型，分别按释放端部自由度的方法修改杆件端部为刚接或铰接，计算结果可取多个计算模型结果的包络值。

问题 3：如何考虑只拉不压的拉索单元？

对于此类问题，SAP2000 中有如下几种处理方法。①采用普通的框架单元，对框架单元指定拉/压限值。②采用钩子（HOOK）连接单元，设置非线性分析中的刚度和初始间隙。③采用索单元，定义其面积。

以上 3 种方法的共同点是都需要采用非线性分析。分析时，可在原 DEAD 和 LIVE 荷载工况的基础上，添加荷载工况（如图 2-19a），定义一个"DEAD 非线性"的工况（图 2-19b），选择零初始条件，分析类型选为非线性，几何非线性中勾选"P-delta 和大位移"；再添加"LIVE 非线性"工况（图 2-19c），采用相似设置，但初始条件选为接力非线性工况"DEAD 非线性"，即可进行非线性分析。非线性分析还有更多复杂设置，请参考 SAP2000 帮助文件。

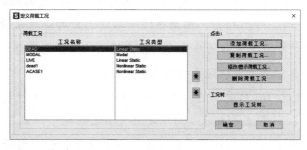

（a）

(b)	(c)

图 2-19 非线性分析工况设置

问题 4：如何进行多个方案的对比分析？

可利用 SAP2000 中的编辑→带属性复制，将模型向一侧拷贝若干份，分别进行修改，再统一分析。可在同一界面中对比多个方案，对于方案的比选很有帮助。

2.5 结构优化简述

通过 2.2 节的 Truss me！和 2.3 节中的 Bridge Designer 的学习可知，要完成一个结构模型分析问题，大家可自由发挥，先人为设定一个结构方案，再不断调整结构造型、节点位置、杆件截面等来实现更优化的结构。通过 2.4 节中的若干个示例，大家可针对不同结构采用 SAP2000 进行模型的细致分析。那大家也肯定在不断思考，是否存在针对此问题的最优的受力结构？

这个问题涉及"结构优化"领域。结构优化设计是指：在给定的荷载、支座、区域、强度、变形等约束条件下，针对某种目标（如质量最小、成本最低、刚度最大）求出最好的结构设计方案。

下面通过对例题 2-1 和例题 2-2 进行拓展来介绍结构优化的问题。

【例题 2-3】如图 2-20 所示，由两根绳子形成的某对称拉索结构，C 点可在不动铰支座 A、B 点的中点下方沿着垂直方向任意移动（保证绳子受拉力），为承受荷载 P，C 点位于什么位置可使得绳子的总重量最轻？

【解】绳子 AC 和 BC 所受到的力均为 $F_1 = P/(2\sin\alpha)$，长度均为 $L = L_0/\cos\alpha$。

可见 α 较小时，则 F_1 就会较大，就需要较大截面的绳子，但是绳子的长度较短。反之，α 较大时，则 F_1 就会较小，只需较小截面的绳子，但是绳子的长度较长。而质量 ＝ 密度 × 体积 ＝ 密度 × 截面 × 长度，那么质量是否存在最小值呢？

题目现在转换为：绳子的截面积为 A，长度为 L，容许应力是 $[\sigma]$。

约束条件为：$F_1/A \leqslant [\sigma]$，求 $A \times L$ 的最小值。

根据几何关系，$L = L_0/\cos\alpha$

根据约束条件，$A \geqslant F_1/[\sigma] = P/(2\sin\alpha[\sigma])$

可得，$AL \geqslant PL_0/\cos\alpha/(2\sin\alpha[\sigma]) = PL_0/([\sigma]\sin2\alpha)$

可见 $\alpha = 45°$ 时，AL 达到最小值 $PL_0/[\sigma]$。

因此对于较简单的题目是可求得最优解的。但当题目复杂一些，比如图2-2中的受压结构，要使得结构达到最优，应如何计算？

【例题2-4】如图2-21所示，由两根杆件形成的对称桁架结构，其中 A、B 是不动铰支座，C 点可在 A、B 点上方的垂直方向上任意移动（保证杆件为压力）。不考虑平面外稳定问题，为承受荷载 P，C 点位于什么位置可使得压杆的总重量最轻？

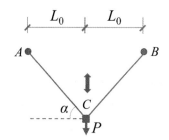

图2-20 受拉双杆件优化

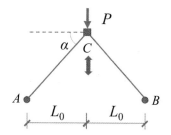

图2-21 受压双杆件桁架优化

【解】当不考虑压杆稳定性问题时，此问题与例题2-3是一样的，当 $\alpha = 45°$ 时，体积达到最小值。

但当考虑压杆稳定性问题时，此问题将变得复杂些。从例题2-2可知，在同时考虑强度和稳定性的情况下，杆件截面面积 A 和惯性矩 I 需同时都满足要求。

在截面面积 A 相同的情况下具备更大的惯性矩 I 可减小结构的自重。而惯性矩 I 与截面形状有很大关系，材料越靠近外侧，其 I 值越大，按道理应尽可能地将截面的材料向外扩展。不过这样可能使得结构变得比较薄（比如小直径的厚壁管变成大直径的薄壁管）。过薄的结构会出现另外的问题就是局部稳定问题，所以问题的求解也变得更加复杂。

为简化计算，把题目中的杆件限制为方形实心杆件，边长为 a。

根据例题2-2，a 需要满足以下两个条件：

（1）$a^2 \geqslant P/(2\sin\alpha[\sigma])$

（2）$a^4/12 \geqslant PL_0^2/(2E\pi^2\cos^2\alpha\sin\alpha) \rightarrow a^2 \geqslant [6PL_0^2/(E\pi^2\cos^2\alpha\sin\alpha)]^{0.5}$

而 $L = L_0/\cos\alpha$

则 $AL = a^2 L_0 / \cos\alpha \geq P / (2\sin\alpha[\sigma]) \times L_0 / \cos\alpha = PL_0 / ([\sigma]\sin2\alpha)$

以及 $AL = a^2 L_0 / \cos\alpha \geq [6PL_0^2 / (E\pi^2\cos^2\alpha\sin\alpha)]^{0.5} L_0 / \cos\alpha = [6PL_0^4 / (E\pi^2\cos^4\alpha\sin\alpha)]^{0.5}$

所以要计算出 AL 的最小值，需对上述两个函数联合求解得到最小值。

取 $P=1000\text{N}$，$L_0=200\text{mm}$，$[\sigma]=20\text{MPa}$，$E=10000\text{MPa}$，绘制上述两式，可得到图 2-22 所示结果。

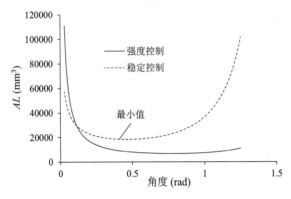

图 2-22 受压双杆件桁架优化问题

为保证结构的安全，必须取强度控制线及稳定控制线两线中较高的部分，作为控制线。而此控制线的最小值，就是所求的情况，比如本题所求得的角度弧度值约为 0.46（约 26.4°），此时的 AL 最小值为 18435mm³。

从例题 2-4 可见，即使规定杆件为简单的方形截面，最优解都较复杂。对于更加复杂的结构，手算将变得不太可行，而必须借助于计算机分析。但计算机优化分析也是一个宏大的课题。限于篇幅，本章只简述其入门知识及相关软件，更多内容请参考相关学科专著。

结构优化有许多形式，按照技术种类通常可分为 3 类，即尺寸优化，形状优化与拓扑优化。

（1）尺寸优化

这是最为基本的常见结构优化方法，目前该技术已发展得十分成熟。尺寸优化主要对结构构件的尺寸参数进行优化，例如梁的截面面积、惯性矩和板厚等。尺寸优化以寻求结构构件的最优尺寸为最终目标。

（2）形状优化

顾名思义，形状优化是对结构的形状进行优化以寻求最优解，主要用于机械结构的设计中，例如设计飞机等具有流线形的结构，在建筑方面则可用于研究空间网格等结构的形状优化。

（3）拓扑优化

拓扑优化是在给定荷载与边界的条件下，在一定空间内寻求材料最优分布的结构优化方法。与前面两种方法相比，拓扑优化会改变结构的拓扑形式。同时，拓扑优化需要探讨结构的连接形式以及开洞的大小位置等，因此拓扑优化更加困难。目前常用于连续体的拓扑优化方法有均匀化法、变密度法、渐进结构优化法、水平集法等。对于桁架等离散结构的拓扑优化而言，优化过程是一个从无到有的过程，属于概念优化设计阶段，因此优化难度也很大。目前大多数桁架结构的布局优化是基于基结构的思想而展开的。简单而言，基结构法就是在包含候选单元的基结构中，通过不断筛选剔除单元来确定结构布置的最优解，换言之，最优解其实是基结构的一个子集。

按照解决方法，结构优化的方法可分为传统优化方法与基于启发式算法的方法。前者主要有数学规划法与准则法；后者则将现代智能优化算法作为结构优化的解决方法，例如遗传算法便是通过不断的迭代与进化，最终得到最优解，其他的还有蚁群算法，神经网络算法，模拟退火算法等。

工程中常使用的结构优化的软件有 HyperWorks、ANSYS 等，也可通过 MATLAB 编程来实现结构的优化分析。

HyperWorks 是由 Altair 公司出品的一套全面的创新开放式架构仿真平台，包含前后处理多个模块，广泛应用于机械制造、土木工程、航天航空等多个行业。其中的"OptiStruct"是优化工具。对于简单结构，可直接采用其中的"HypeMesh"模块进行建模，并输出分析信息文件；对于较为复杂的工程结构可通过 SAP2000 等软件建模并最终转换为 OptiSruct 模型进行优化。

ANSYS 是由美国 ANSYS 公司研制的大型通用有限元分析软件，也是结构优化中经常使用的软件。它有着强大的模块设计功能，还为用户提供可进行二次开发的工具。在进行结构优化时需编写优化文件与分析文件，来完成多次的迭代分析。ANSYS 优化模块的求解方法有 GUI 交互方式与批处理方式两种。

MATLAB 是美国 MathWorks 公司出品的商业数学软件。其用于数据分析、图像处理等多个领域，涉及领域十分广泛。MATLAB 多用来作为结构优化求解的实现方法，通过 MATLAB 语言对结构的数学模型进行求解，从而实现结构的优化。MATLAB 的优势在于它的优化工具箱中有着大量的优化求解函数，可根据算例的不同自行选择最为合适的优化算法，这使得求解变得更为方便。同时其语言容易学习，符合工程应用的习惯。

值得注意的是，由于结构模型试验存在其自身特殊性，比如其中涉及手工制作差异问题、离散结构的布局问题、优化软件中常未考虑的整体失稳及局部失稳问题、多工况下的最优解问题等，因而优化软件多数只能提供优化的方向及思路，很难得到实际的最优解。但是，这也是结构模型竞赛的魅力所在，结果的多样性和未知性让人着迷。每年结构大赛的舞台上，总能见到各种独具匠心的优秀结构模型。

思考题

2-1 利用 SAP2000 中的节点移动功能（先选中节点，点击菜单→编辑→移动），对 2.4.3 节中的平面桁架的加载点位置，在垂直方向上进行移动，分析多个模型，绘制出加载点移动距离对结构位移、结构重量的影响曲线。

 习题

2-1 以 Truss me！某一关卡为题目，各同学进行结构设计，决出冠军方案。

2-2 在 Bridge Designer 中设定某种统一的跨度、边界、荷载等条件，各同学进行桥梁结构设计，决出冠军方案。

2-3 在 SAP2000 中完成模型结构建模并进行内力分析。

2-4 用 AutoCAD 建立一个与广州塔类似的细腰型结构或其他自己设定目标的模型，并导入到 SAP2000 中进行分析。

2-5 学习 MIDAS 等其他有限元分析软件，并与 SAP2000 的计算结果进行对比分析。

第 **3** 章

模型制作

现阶段结构模型制作主要以手工制作为主，但随着 3D 打印技术的成熟与发展，在结构模型制作中也逐渐开始引入这一前沿技术。本章主要介绍利用竹皮、竹条和桐木条等材料手工制作结构模型的方法，并对 3D 打印模型和部件作简单介绍。

3.1 材料及工具

手工制作结构模型的主要原材料有竹皮、竹条、竹片、桐木条、卡纸等；黏结材料有 502 胶水、白乳胶、热熔胶等；主要工具有剪刀、美工刀、砂纸、铁尺、剪钳、打磨棒等；辅助工具有透明胶、纸胶带等。

3.1.1 原材料

（1）竹皮

竹皮是一种由竹纤维经过特殊工艺制成的薄皮状材料，本身具有纵向的纹理，属于各向异性材料。使用时一般只采取顺纹承力，而不考虑其横纹强度。目前常用的竹皮种类根据其厚度可分为：0.5mm 厚竹皮、0.35mm 中竹皮、0.2mm 薄竹皮，如图 3-1 所示。

（a）0.2mm 薄竹皮　　　　　（b）0.35mm 中竹皮　　　　　（c）0.5mm 厚竹皮

图 3-1 竹皮

（2）竹条

竹条是原竹经机械加工形成具有一定规格尺寸、横断面基本为矩形的长条状构件，可单根或多根组合在一起来承受荷载，常用规格有 2mm×2mm，3mm×3mm，1mm×6mm 等，如图 3-2 所示。

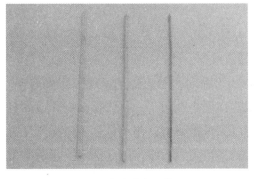

| （a）竹条形状 | （b）竹条剖面 |

图 3-2 竹条

（3）桐木条

桐木条是以桐木为原料，经机械加工而成的构件，密度小，自重轻。常见的桐木条长度有 500mm 和 1000mm 两种，截面主要有 2mm×2mm、3mm×5mm、4mm×4mm、4mm×6 mm、5mm×8 mm、6mm×6 mm、6mm×8mm、10mm×10mm，如图 3-3 所示。

| （a）等截面桐木条 | （b）不同截面桐木条 |

图 3-3 桐木条

（4）卡纸

模型试验用的卡纸多数是白卡纸，是一种较厚实坚挺的白色纸，由木浆制成。常按质量进行分类，密度约 $80\sim400\text{g/m}^2$ 不等，比如第一届全国大学生结构设计竞赛所选用的模型材料就是 230g/m^2 巴西白卡纸。

3.1.2 黏结材料

常见的黏结材料有 502 胶水和白乳胶两种。

502 胶水是以 α-氰基丙烯酸乙酯为主，加入增黏剂、稳定剂、增韧剂、阻聚剂等，固化黏化，能粘住绝大多数材质的物质。结构模型中常用于木材、竹材制作成的杆件以及金属片等的黏结。使用 502 胶水时建议佩戴护目镜，使用过程中应尤其注意其飞溅、蒸汽对眼睛、皮肤的刺激和伤害，若不慎飞溅入眼，应立即用大量清水洗涤并送医院接受治疗。

白乳胶是由醋酸乙烯单体在引发剂作用下经聚合反应制得的一种热塑性胶粘剂。可常温固化，且固化较快、黏结强度较高，黏结层具有较好的韧性和耐久性且不易老化。对多孔材料如木材、纸张、棉布、皮革、陶瓷等有很强的黏结力，且初始黏度较高。结构模型中常用于卡纸结构的黏结。白乳胶总体较为安全，但若不慎飞溅入口中或眼睛中，应立即用大量清水洗涤。

3.1.3 工具

主要工具包括剪钳、美工刀、砂纸、铁尺等，如图 3-4 所示。剪钳用于材料的剪断。处理桐木条时不推荐使用剪刀。美工刀用于切割材料、图纸，建议学会更换刀片。砂纸和打磨棒用于材料和构件的打磨，确保断面以及黏结面的平整。砂纸的型号用目数表示，目是一个单位，指磨料的粗细及每平方英寸的磨料数量，目数越高，磨料就越细。常用的砂纸类型有：80 目、100 目、120 目、150 目、180 目、220 目、280 目、320 目、400 目、500 目、600 目等。

其他辅助工具如透明胶和纸胶带则主要用于拼接模型时的临时固定及保护。在进行模型粘贴时需要在工作面粘贴透明胶带，再在其上利用 502 胶水进行胶接相关操作，可使得杆件便于取下以及保护工作面不受 502 胶水影响。

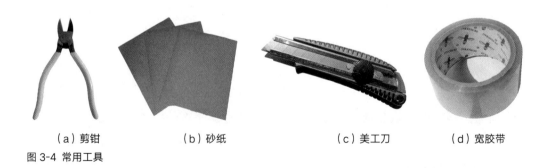

（a）剪钳　　　　　（b）砂纸　　　　　（c）美工刀　　　　　（d）宽胶带

图 3-4 常用工具

3.2 竹材杆件的制作

各种竹材类的构件都可通过拼装组合而成，形式多样，如图 3-5 所示。在长期的制作过程中，各地形成了各具特色的制作工艺，本书中仅介绍一些常规构件的制作方法。

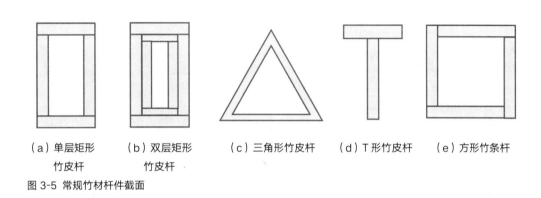

（a）单层矩形　　（b）双层矩形　　（c）三角形竹皮杆　　（d）T 形竹皮杆　　（e）方形竹条杆
　　　竹皮杆　　　　　竹皮杆

图 3-5 常规竹材杆件截面

3.2.1 竹皮的处理

由于竹皮上的竹节会影响到所制作杆件的强度，因此制作时应选择竹节较少的竹皮，在裁剪所需的竹皮时应避开竹节。建议在竹皮切割前，对所需要的杆件进行设计并绘制相关切割边线图，据此进行切割，而后采用砂纸对竹皮的边缘进行打磨，以方便黏结。具体过程如图 3-6 所示。

（a）筛选竹皮，选择竹节较少的竹皮部位　　　（b）在选择切割区域时应避开竹节，并沿着
　　　　　　　　　　　　　　　　　　　　　　　　　　竹皮顺纹的方向测量绘线

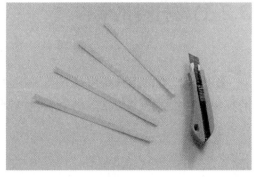

（c）沿着绘好的线使用钢尺和美工刀对竹皮进行切割

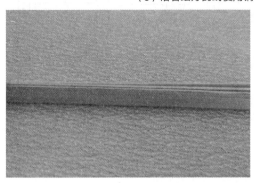

（d）将切割完的竹皮统一打磨以实现粘贴面平整，打磨过程中可收集
竹粉用于后期填补各种缝隙、增强黏结性能

图 3-6 竹皮切割处理流程

3.2.2 矩形截面杆

（1）单层竹皮矩形杆

杆件截面如图 3-5（a）所示。以厚竹皮为例，先将 3 片处理好的竹皮进行粘贴，短边与长边相对关系如图中所示。而后根据实际情况，可按照一定的间距粘贴肋板，增强构件的局部稳定性。在粘贴肋板之后，对不平整面进行打磨，并粘贴封盖最后一个侧面。具体过程如图 3-7 所示。

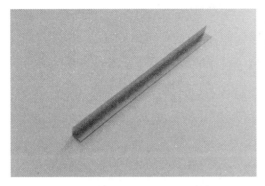
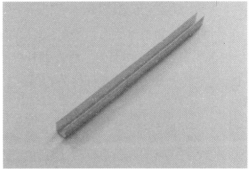

（a）将长边竹皮垂直放置在短边竹皮之上并在竹皮交界处边缘用 502 胶水黏结

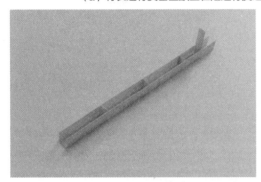

（b）裁剪合适大小的肋板并按照需要的间距添加肋板，打磨凸出部分

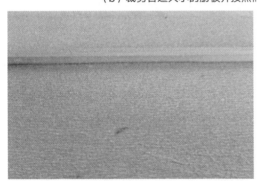

（c）使用砂纸整体打磨杆件未封顶短边一侧，而后采用竹皮进行粘贴封盖

（d）采用砂纸对整个杆件进行打磨，去除多余部分，对未连接处补胶得到成品

图 3-7 普通加肋矩形截面杆的制作流程

（2）双层矩形竹皮杆

杆件截面如图3-5（b）所示。采用两层竹皮制作的杆件，用于受力较大的杆件中。以内部为中竹皮、外部为厚竹皮的杆件为例进行说明，如图3-8所示。在采用上一步工艺制作完成的中竹皮杆件的四周贴上厚竹皮，形成双层矩形竹皮杆。

（a）将矩形杆放置于竹皮顺纹方向上并进行粘贴　（b）待牢固后沿杆件两侧边缘进行切割，杆件其余三面
重复进行此操作，得到双层矩形竹皮杆成品

图3-8 双层矩形竹皮杆的制作流程

3.2.3 三角形截面杆

杆件截面如图3-5（c）所示。三角形截面杆的制作可采用卷杆件法，该杆件适用于受力较小的连接部位。首先计算出三角形截面杆3条边的宽度，依据尺寸，画出3条边具体的信息。切割去除外边缘的竹皮后，内部的分割方法为使用刀背在竹皮上划出划痕但不划破，接着将竹皮按照划痕向外弯折而形成三角形杆件，并在交接处粘贴胶水。具体过程如图3-9所示。

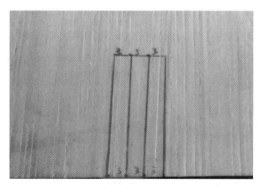 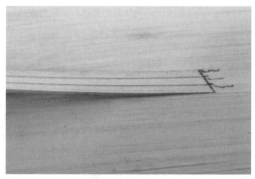

（a）竹皮绘线　　　　　　　　　　　　（b）沿外围线进行切割

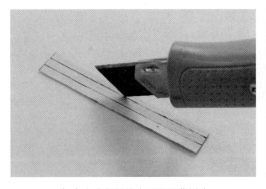

（c）在内部绘线上采用刀背划痕　　　　　　　　（d）卷接成为三角形截面，在交接处粘贴

图 3-9 三角形截面杆的制作流程

3.2.4 T 形杆

杆件截面如图 3-5（d）所示。T 形杆是由两片互相垂直的竹皮或者竹条粘贴而成的杆件。T 形杆的刚度相较普通单片杆件有较大的增加，常用于一些受力不太大的位置。制作流程参见图 3-10。

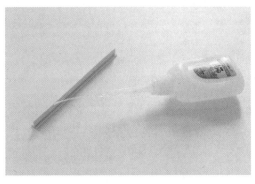

（a）两片竹皮或竹条 T 形黏结　　　　　　　　　（b）T 形杆的使用

图 3-10 T 形截面杆的制作流程及使用

3.2.5 竹条方形杆件

杆件截面如图 3-5（e）所示。竹条杆可有多种做法，这里介绍的四边黏结的风车型做法是其中一类。此类杆件采用的做法与前面的矩形竹皮杆不同，使用中心对称的方式，四边相互搭接，使得杆件的截面成为正方形，适合作为承受轴力的杆件。制作竹条杆件时，竹条的选择注意要避开竹节部分。制作流程参见图 3-11。

（a）两片扁竹条黏结　　　　（b）第三片扁竹条黏结　　　　（c）方形杆成品

图 3-11 竹条方形杆的制作流程

3.2.6 拉带

制作竹皮拉带和竹条拉带时同样要避开竹节。张拉时要注意松紧，不宜过松也不宜过紧。

（1）竹皮拉带

竹皮拉带的拼接流程如图 3-12 所示。

（a）拉紧粘贴　　　　　　　　（b）剪切多余部分

图 3-12 拉带拼接流程

（2）竹条拉带

竹条拉带的制作和竹皮拉带制作基本一致，如图 3-13 所示。需要注意的是由于拉条的接触面积较小，节点处建议采用竹粉进行加固。若使用剪钳剪切竹条时，由于被剪断竹条碎块会飞出，需注意安全，如佩戴护目镜。

（a）定位　　　　　　　　　　　　（b）竹粉加固

图 3-13　制作竹条拉带

3.3　竹材杆件的拼接

3.3.1　长杆件拼接

对于不经常制作模型的同学，制作精度满足要求的长杆件是有一定难度的。因而对于较长杆件，可通过短杆件拼接而成。可先使用砂纸对需要拼接的短杆件端部进行打磨，接着在准确对接后使用节点板对拼接处进行粘贴加固。若截面存在差异，可用竹皮或竹条垫至相同高度，再使用节点板进行加固。具体过程如图 3-14 所示。

（a）对需要拼接的短杆件端部进行打磨

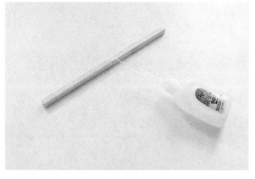

（b）将需要拼接的杆件放置到正确位置，确保端面对齐，形成目标角度，使用 502 胶水对需要拼接的杆件进行粘贴

（c）必要时使用竹粉加固

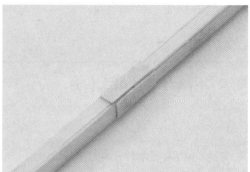

（d）裁剪合适的节点板，使用其对拼接节点进行加固

（e）得到成品

图 3-14 长杆件的拼接流程

3.3.2 复杂空间节点的拼接

对于复杂空间节点，需要根据具体的杆件连接情况进行精细合理的设计。建议可在三维建模软件（如 AutoCAD、SketchUp 等）中，先模拟好各个杆件的连接关系，而后合理安排黏结的方式和构造。图 3-15 给出一个典型节点的细部做法。鉴于节点受力的复杂性，可在连接部分添加竹粉来增强黏结性能。更多的节点类型可参见第 6 章或全国大学生结构设计竞赛官网的作品展示。

图 3-15 空间节点连接

3.4 桐木条杆件

相对于竹皮杆件需要剪裁拼接，桐木条杆件由于已有多种型号的截面，因而制作相对容易。

3.4.1 桐木条杆件的制作

在符合题目要求的前提下，通过设计分析合理地选择所需尺寸的桐木条。利用手绘或者 CAD 软件绘制图纸，并按照 1：1 的比例将图纸绘制或者打印出来。根据图纸在桐木条上描好切割线，并利用美工刀进行切割。注意切割时要超出切割线少量的长度，切割完成后将端部节点处用砂纸进行打磨，节点连接才会更加牢固。具体过程如图 3-16 所示。

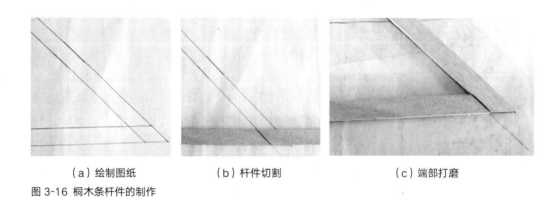

（a）绘制图纸　　　　　　　　（b）杆件切割　　　　　　　　（c）端部打磨

图 3-16 桐木条杆件的制作

3.4.2 桐木条杆件的拼接

拼装质量是实际加载结果与理论分析存在差异的原因之一。模型拼装将影响整个模型的受力情况，拼接时应尽量保证准确。模型拼装时应注意以下要点（图 3-17）：

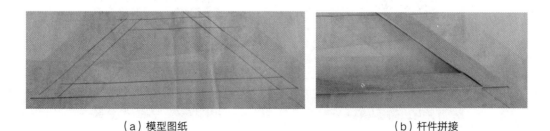

（a）模型图纸　　　　　　　　　　　　　（b）杆件拼接

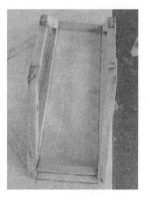

（c）模型拼接 　　　　　　　　　　（d）拉带设置

图 3-17 桐木条结构拼接

（1）提前打印模型图纸，依照图纸进行拼接（准确性高）；

（2）拉带张拉时要比自然长度稍紧一点为佳；

（3）节点处理应符合力学原则，传力直接，连接可靠。

3.5 杆件力学性能试验

对于手工制作的杆件，其力学性能与制作精度关系较大。为在软件中较准确地输入材料性能及确定杆件的承载力，从而对结构进行较为准确的分析，有必要进行材料力学性能试验及杆件的力学性能试验。本书以常见的杆件受拉及受压试验为例进行说明。需注意的是，由于材料的离散性、手工制作精度、环境因素等影响，本书中的试验数据仅作为参考数据。

图 3-18 为利用力学试验仪器对竹皮、竹条拉带进行的受拉试验。表 3-1 给出某拉带试验的结果。

图 3-18 受拉试验

拉带试验结果

表 3-1

类型	宽度 （mm）	厚度 （mm）	横截面积 （mm²）	长度 （mm）	平均承载 力（N）	平均应力 （MPa）
中竹皮拉带	10	0.35	3.5	200	257	73.4
厚竹皮拉带	10	0.50	5.0	200	263.5	52.7
双层中竹皮拉带	10	0.70	7.0	200	418	59.7
中加厚竹皮拉带	10	0.85	8.5	200	423.5	49.8
双层厚竹皮拉带	10	1.00	10.0	200	432.5	43.3
竹条拉带	2	2.00	4.0	200	518.0	129.5

图 3-19 为利用力学试验仪器对箱形竹皮杆件进行的受压试验。表 3-2 给出了采用不同竹皮组合的长度为 200mm 的受压杆件的试验结果。

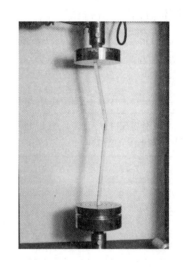

图 3-19 杆件受压试验

不同形式箱形截面竹皮受压杆件试验结果

表 3-2

截面竹皮类型	外框尺寸（mm×mm）	横截面积（mm²）	承载力（N）	应力（MPa）
中/中	8×8	11.2	169.5	15.1
中/中	9×9	12.6	203	16.1
中/中	10×10	14.0	230.5	16.5
中/厚	8×8	13.6	240	17.6
中/厚	9×9	15.3	277	18.1
中/厚	10×10	17.0	306.5	18.0

截面竹皮类型	外框尺寸（mm×mm）	横截面积（mm²）	承载力（N）	应力（MPa）
中/厚	11×11	18.7	298.5	16.0
中/厚	12×12	20.4	305	15.0
厚/厚	8×8	16.0	305.5	19.1
厚/厚	9×9	18.0	289.5	16.1
厚/厚	10×10	20.0	327.5	16.4

注：截面竹皮类型表达的是两组对边分别采用的竹皮类型，如中/厚表示有一组对边采用中竹皮、另外一组对边采用厚竹皮。

由于受压杆件还存在稳定性问题，这与构件的长度 L，截面惯性矩 I，截面面积 A 密切相关。这几个参数还可进一步转化为长细比 $\lambda=L/i=L/(I/A)^{0.5}$，其中 i 称为回转半径。因而还有必要进行不同长细比的杆件的受力性能试验，当截面类型为恒定时，就是变化不同杆件长度进行试验。表3-3给出同一截面、不同长度受压杆件试验结果，图3-20给出杆件长度和承载力的关系，可见，当杆件长度（长细比）增加到一定程度时，其承载力有了较大的下降。

不同长度受压杆件试验结果　　　　　　　　　　　表3-3

截面竹皮类型	外框尺寸（mm×mm）	横截面积（mm²）	杆件长度（mm）	承载力（N）	应力（MPa）
厚/厚	7×9	16.0	150	297.3	18.6
厚/厚	7×9	16.0	200	302.0	18.9
厚/厚	7×9	16.0	250	269.1	16.8
厚/厚	7×9	16.0	300	67.3	4.2

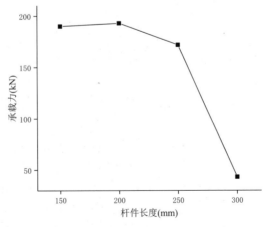

图3-20 杆件长度和承载力的关系

3.6 3D 打印和参数化建模简介

3D 打印技术是一种新型的快速成型技术，目前已在社会各行业中产生巨大的影响。土木工程专业中，有不少学者对其在复杂钢结构节点、浇铸模具、抗震耗能构件、建筑施工模板、智能化施工等方面的应用进行探索。

当前结构模型制作中较多采用竹皮、桐木、卡纸等，对学生的模型制作能力提出较高的要求，且花费的时间仍然较长。这在一定程度上也限制了用于进行模型试验的结构体系。第九届全国大学生结构设计竞赛中，采用 3D 打印节点结合预制杆件进行拼装桥梁模型试验，很好地降低模型制作的难度，起到很好的示范作用。

3D 打印以数字模型文件为基础，通过可粘合材料逐层打印的方式来构造物体。该技术的普及为结构模型制作提供一个新的解决方案：学生可在计算机上利用建模软件进行复杂的局部结构（如节点）的三维建模，使用小型的 3D 打印机将模型部件打印出来，从而大大提高结构模型制作的效率和准确性，有效提高学生的计算机使用能力及参与热情。由于当前小型 3D 打印机的尺度有限，打印出较大的整体 3D 模型有一定困难，采用 3D 打印机制作节点，并与预制杆件进行拼接形成整体模型也是一种较好的方法。

对于规则的结构模型，如图 3-21、图 3-22 所示，分别为采用 3D 打印节点的桁架及塔式起重机模型结构，其节点类型单一，可利用第 2 章中的 AutoCAD 进行 3D 建模打印。但对于复杂空间结构，如图 3-23 所示的空间网壳结构，建模方式则较为复杂，此时可结合参数化建模方法完成。

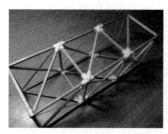  

图 3-21 采用 3D 打印节点的桁架　图 3-22 采用 3D 打印节点的塔式　图 3-23 实际空间网壳结构
　　　　　　　　　　　　　　　　　　　　起重机模型

传统的三维建模方式以平面坐标为基础，按照物体的实际尺寸进行建模。这种建模方式步骤烦琐，修改复杂，无法准确表达构件之间的三维关系。参数化建模侧重于考虑和表达组成模型的零部件（几何体）之间的相互关系，并将其特征采用一系列参数进行表达，通过修改参数值，可快速地驱动模型进行修改和更新，与传统的三维建模方式相比有诸多优点。

　　Rhino 造型软件和 Grasshopper 插件的参数化建模是目前常用的参数化建模方法。Rhino 是美国 Robert McNeel & Assoc 开发的专业 3D 造型软件，功能强大，操作便捷，被广泛地应用于工业制造、建筑设计、机械设计和科学研究等领域。Rhino 也受到广大建筑设计师的青睐，大量基于 Rhino 平台的插件也被开发出来并不断完善，包括用于参数化建模的 Grasshopper。通过参数化建模，建筑师可简单地通过对预先设定的参数进行修改，完成模型的修改操作。

　　以通过这种方法完成的网壳节点的参数化三维模型为例进行说明。如图 3-24 所示，可通过右侧的可视化调整插件对参数进行修改。又如图 3-25 所示，可快速构建各种类型的网壳。对于网壳节点而言，也可通过布尔运算进行节点球的挖孔（图 3-26），从而快速进行模型的修改，避免了大量重复的建模工作。

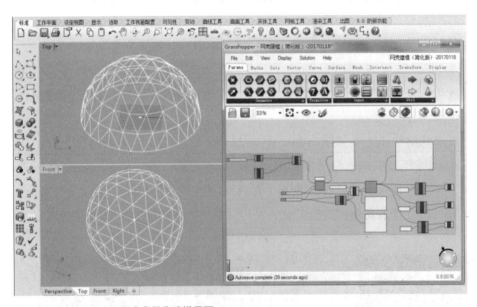

图 3-24 Grasshopper 网壳参数化建模界面

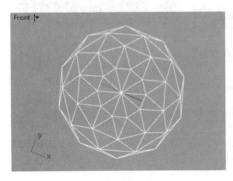
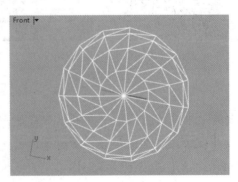

（a）联方型　　　　　　　　　　　　（b）施威德勒型

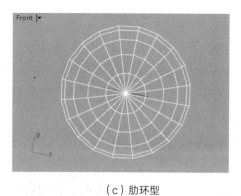
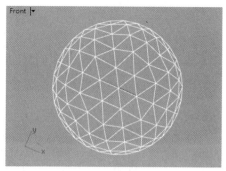

（c）肋环型   （d）凯威特型

图 3-25 网壳参数化模型

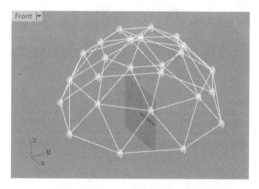

（a）在各节点中心处生成较大直径球体实体 A

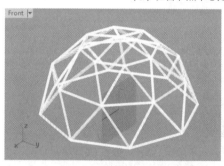
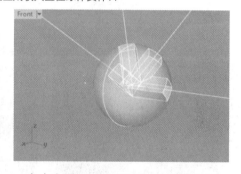

（b）产生各杆件实体 B （c）实体 A 与实体 B 取差集产生实体 C

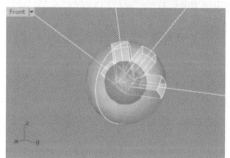
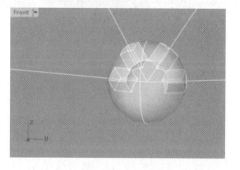

（d）在各节点中心处产生较小直径球体实体 D （e）实体 C 与实体 D 取差集产生节点

图 3-26 节点参数化模型建立

在完成结构模型的数字化建模后，可将文件导入到 3D 打印机中进行打印，如图 3-27（a）所示，打印材料为 ABS 塑料。对打印出的节点进行预拼装，记录节点的半径、嵌入深度、孔径的打印情况、节点的打印时间等信息，了解打印机的性能和精度，并进行适当调整。将打印好的节点分类放置，按照设计尺寸切出桐木条，由上至下组装网壳模型，组装过程及成品如图 3-27（b）、（c）所示。

（a）3D 打印机节点打印　　　　（b）第一层网壳结构拼接　　　　（c）网壳模型拼接组装完成

图 3-27 网壳模型节点的打印及拼装示意图

相比于传统的结构模型制作，3D 打印的引入简化了复杂部件的制作，使结构模型能够不再因为制作难度的限制而拘泥于简单的结构形式，使学生进行复杂结构的模型制作成为可能，与此同时也能节省大量的模型制作时间。模型制作完成后，可用于结构模型试验中，如图 3-28 所示。

 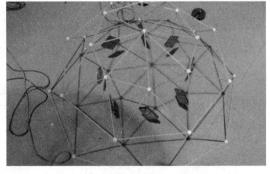

（a）模型顶点单点加载　　　　　　　　（b）模型第二层多点加载

图 3-28 模型静载试验

在结构模型试验中引入 3D 打印技术，具有如下优点：① 3D 打印机的精确制造大大提高了结构模型制作的效率，降低结构模型制作的难度，提高学生进行模型制作的热情和积极性；②数字模型和实体部件的直接转换方便了复杂结构的制作，使学生对更多复杂空间结构进行模型试验成为可能，学生可更加深入、更加全面地学习结构知识；③学生在运用 3D 打印技术的过程中，对参数化设计、3D 打印、预制结构拼接等概念有更深的体会，并提高计算机使用能力和综合能力。但目前 3D 打印技术应用于结构模型试验也存在一些不足，如打印材料及逐层打印带来的部件力学特征上的各向异性等，这些问题需要依靠技术进步及实践探索逐步解决。

 习题 ————————————————————

3-1 用竹材、木材或者卡纸制作不同长度的杆件并进行承载力试验，对结果进行分析。

3-2 用桐木制作一个带靠背的板凳模型或其他结构模型，熟悉多杆件交汇的节点制作工艺。

3-3 制作书中常见的几种截面类型的竹材杆件，并进行结构拼接。

第 **4** 章

模型试验项目

对结构模型受力体系的认知，虽可通过理论学习和软件仿真分析得到，但远不如实际试验来得直观。试验将全面考验理论分析的结果和实际制作的可靠性。本章从静载到动载设置若干题目，同学们可以项目为驱动，组成团队，选择其中部分项目，也可另外设定目标（如选取每年国赛题目），参与到设计、分析、制作、试验、反思、优化的全过程中，从而实现对结构受力性能的感知。

4.1 小型趣味模型试验

（1）A4 纸模型试验

一个适合线下课或者居家都能进行的小模型项目。要求用一张 80g 的 A4 纸（可剪裁及粘贴），以及长度 1200mm，宽度约为 12mm 的小透明胶，制作一个结构，以水平面为支承底座，不得接触除底板外的其他物体，如墙、家具等，结构高度最高者获胜（精确到毫米）。透明胶除对纸进行粘贴外，也可作为结构构件。

（2）米粉 + 棉花糖模型

一个适合课程第一节课进行破冰的团队活动。将所有同学分成若干组，每组 5~6人，团队协作进行。在 25min 之内，利用细长的米粉（每根约 250mm 高，共 15 根）和 1000mm 长的透明胶带及 1000mm 长的蜡线，组成空间结构。最后在结构顶部放置一颗棉花糖，结构需能安全站立 10s 方为成功，结构高度最高者获胜（精确到毫米）。

4.2 承受静力荷载的塔式起重机模型结构试验

4.2.1 概述

塔式起重机是多、高层建筑施工时一种必不可少的设备。近两年，随着建筑市场的不断升温，全国建筑施工现场塔式起重机安全事故时有发生，也曾出现不少重大事故，造成不同程度的财产损失和人员伤亡。本试验模型将以承受吊重及平衡重的塔式起重机结构为研究对象，学习悬臂结构的力学特性。

试验模型为承受静力荷载的塔式起重机模型结构，结构模型采用竹质、PVC 管材料或木条材料制作，具体结构形式不限。模型限定在如图 4-1 所示的范围内制作。

加载台和加载质量由实验室提供。塔式起重机的吊臂端部（长段）及平衡臂端部（短段）采用悬挂砝码实现加载，位置位于图中的加载条位置，加载条宽为20mm，必须在模型中预留摆放此加载条的位置。需制作柱脚部分，通过夹具螺栓对柱脚施加约束，将结构固定于加载台上，位置如图中的压条位置所示。

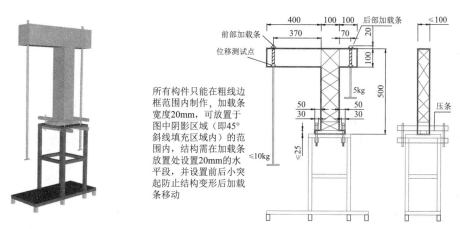

图 4-1 塔式起重机加载示意图及模型尺寸要求（mm）

4.2.2 模型要求

（1）理论方案要求

理论方案指模型的设计说明书和计算书。计算书要求包含：结构选型、结构建模及主要计算参数、受荷分析、节点构造、模型加工图（含材料表）。

（2）几何尺寸要求

结构模型应与理论方案中的说明书和计算书保持一致。

尺寸要求：塔式起重机结构模型的立面及侧面投影必须限制在图中粗线限定区的范围内，不得超出此范围。模型的吊臂根部及平衡臂根部进行图中位置加载时会放置加载条，结构需设置足够空间放置加载条及挂钩；结构底部必须设置每边伸出长度为50mm、不超过25mm高度的基础结构，基础结构需预留图中30mm水平段用于固定压条；结构模型必须通过钢方通夹具固定于底部的底座钢梁上，不得越界，结构立柱不得与方通接触。除上述要求外，塔式起重机的结构体系和外形（包括底部平面形状）等均无其他限制。

4.2.3 加载与测量

（1）荷载施加方式

试验加载分两部分进行。首先施加后部（短臂）的质量（5kg），此荷载始终存在，而后，逐级增加前部（长臂）加载质量，但前部加载总质量不超过10kg，以未破坏的最后一级荷载作为加载成绩。

（2）模型应变及挠度的测量

在对每个模型的每一级加载过程中，通过位移计对结构模型长臂端部位移进行实测。在梁柱受力较大的位置（如塔式起重机悬臂根部及柱脚），各设置1~2片应变片测试构件的应变。

（3）模型失效评判准则

模型在加载过程中出现构件断裂或者挠度超标，则停止加载，以上一级成功加载的质量作为成绩。

4.2.4 模型材料

材料可选用竹材、桐木条或者PVC管材。

（1）材料1：竹材

竹材型号如表4-1所示。

竹材型号表　　　　　　　　　　　　　　　　表4-1

竹材规格		竹材名称	用量上限
竹皮	1250mm×430mm×0.20mm	集成竹片（单层）	1张
	1250mm×430mm×0.35mm	集成竹片（双层）	1张
	1250mm×430mm×0.50mm	集成竹片（双层）	1张
竹杆件	930mm×6mm×1.0mm	集成竹材	10根
	930mm×2mm×2.0mm	集成竹材	10根
	930mm×3mm×3.0mm	集成竹材	10根

竹材力学性能参考值：弹性模量 6×10^3MPa，顺纹抗拉强度 60MPa，抗压强度 30MPa，密度 0.8g/cm³。

材料 2：桐木

截面规格：10mm × 10mm；6mm × 6mm；5mm × 3mm。

桐木条力学性能参考值：弹性模量 E=10000MPa，抗拉及抗压强度为 15MPa。

材料 3：ABS 塑料管

弹性模量 E 约为 2000MPa，抗拉强度约为 40MPa，抗压强度约为 55MPa。

截面规格：10mm × 10mm；6mm × 6mm；3mm × 3mm。

材料 4：白卡纸

弹性模量 E 约为 500MPa，抗拉强度约为 22MPa，抗压强度约为 7MPa。

（2）502 胶水：用于模型结构构件之间的连接。

（3）制作工具：美工刀，钢尺，砂纸，锉刀，螺丝刀。

4.2.5 试验规程及加载测试步骤

（1）模型制作

各团队要求在正式试验课前完成模型制作。

（2）试验前准备

1）称量模型的质量 M_M（精度 0.1g）。

2）将模型安装在底座梁上，并安装加载条，准备进行加载。

3）安装位移计、安全挂绳，戴好安全帽、护目眼镜，各队员分配好任务。

（3）加载及测试步骤

依次进行加载，并测量每级加载下的位移。每级加载完成后依据失效评判准则评价模型是否失效。

参考加载如图 4-2 所示。

| （a）底部夹具 | （b）加载示意图 |

图 4-2 加载示意图

4.2.6 加载表现评分

本次试验各试验团队模型的表现将根据其效率比 E 的计算结果进行评分。各结构效率比 E 的计算如式（4-1）所示：

$$E=\frac{M_{\mathrm{G}}}{M_{\mathrm{M}}} \tag{4-1}$$

式中 M_{G}——前后部加载的总质量；

M_{M}——模型质量。

若所有队伍中最好的效率比为 $E_{\max}$，则各队根据其效率比结果，获得加载阶段的表现分 K，其计算公式为：$K=100 \times E/E_{\max}$。

分数最高者获胜。

4.3 承受静力荷载的厂房龙门架结构

4.3.1 模型要求

龙门架结构是设置了立柱和横梁的门架结构，需承受多种荷载。

如图 4-3 所示，模型的立面及侧面投影必须限制在图中粗线限定区的范围内，不得超出此范围。应预留挂载砝码盘的加载条的放置位置，以保证加载步骤的顺利进行，具体加载步骤见 4.3.2 节。

模型制作好后，试验队伍应对模型进行标注。梁的中点标记为 1 号点，距离 1 号加载点左右 200mm 的两处分别标记为 2 号点、3 号点，每个点两侧各 10mm 的区域即为加载区，加载条可放置于如图 4-3 所示阴影区域。

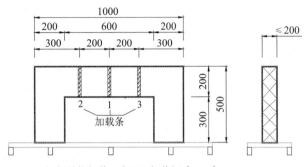

图 4-3 门架结构加载示意图及加载板（mm）

4.3.2 加载与测量

本次试验加载分为一级加载和二级加载，具体加载步骤如下：

（1）加载前准备：将模型直接放置于支座上，在加载区域放置 3 个加载条，将砝码盘挂在加载条上，分别定义 1、2、3 号点所挂的砝码盘为 1、2、3 号盘。

（2）一级加载：在 3 个砝码盘上按顺序（1、2、3）各放置 4 个 2kg 的砝码，每一个砝码盘放完 4 个砝码后计时 5s，模型没有失效即为有效荷载。

（3）二级加载：将 2 号盘上的 3 个 2kg 砝码取下后依次放到 3 号盘上，每放完一个砝码，计时 5s，模型没有失效则成功转移一个砝码。

在对每个模型的每一级加载过程中，通过位移计对结构模型跨中位置进行实测。在门架结构受力较大的位置（如横梁跨中及立柱脚），各设置 1~2 片应变片测试构件的应变。

4.3.3 制作材料及评分标准

可参考塔式起重机模型。由于本试验存在两级荷载，可参考国赛题目设定两级荷载分别对应的分值。

4.4 顶部带集中质量的结构振动台试验

4.4.1 试验模型

振动台试验是通过结构模型试验对整体结构的抗震安全性进行检验评价的试验形式。本试验基于第五届和第八届全国大学生结构设计竞赛的小型振动台设备，对结构模型进行检验，可帮助同学了解地震原理及地震下的结构响应。

试验模型为顶部带集中质量的结构模型，模型材料同前，具体结构形式不限。结构模型由学生制作完成，结构模型以受力合理、造型优美、自重轻、屋顶振动小为优。顶部集中质量用模型顶部的配重铁盒及铁块来实现，铁块置于铁盒中，其数量可根据需要调整。配重铁盒通过热熔胶固定于模型顶部。试验装置包括小型振动台、功率放大器、多通道数据采集系统等。结构模型通过螺栓和竹质底板固定于振动台上。

为了解结构刚度变化与结构振动特性的关系，同学可先制作有拉条的模型进行抗震试验，完成后剪断拉条，改变模型的刚度，再进行测试，对比模型振动特性的不同。结构模型底部必须制作柱脚，柱脚与底板通过压条进行连接，底板通过8个螺栓与振动台固定连接。

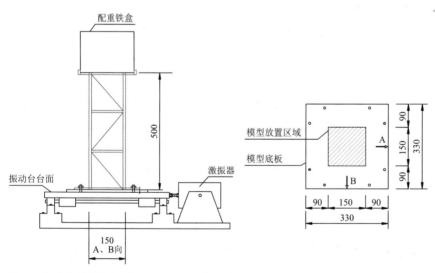

图 4-4 振动台模型试验示意图及尺寸要求（mm）

4.4.2 模型要求

（1）平面尺寸要求：结构模型的水平投影限制在 150mm × 150mm 的正方形区域内，不得超出此范围。结构形式和布置不限。

（2）竖向尺寸要求：结构模型的总高度为 500mm ± 5mm，总高度为模型底板顶面至屋顶（模型顶面）上表面的垂直距离。模型顶部应能水平放置并固定给定的配重铁盒。

（3）模型顶部采用尺寸为 190mm（长）× 190mm（宽）× 150mm（高）的配重铁盒模拟屋顶集中质量，铁盒在加载前需用热熔胶固定在模型顶部。但铁盒和装入铁块的总质量最大不超过 10kg。

（4）结构模型固定于 330mm × 330mm 的正方形底板上（图 4-4），结构底部固定点位置必须在底板上的限制区域内，不得越界。模型底部与底板使用热熔胶连接（除此以外不得使用超出规定的其他材料或者工具）。底板上有 8 个直径 12mm 的螺栓孔，模型加载前用螺栓将底板及上部结构固定在振动台台面上。

（5）为防止屋顶配重铁盒在结构破坏时砸坏仪器设备，铁盒通过保险绳系于上方的钢支架上，试验时保险绳处于松弛状态，不影响结构模型及铁盒的振动和变形。

4.4.3 加载设备介绍

本试验采用第五届全国大学生结构设计竞赛所采用的 WS-Z30 小型精密振动台系统模拟水平地震作用，亦可采用其他类似设备。

该振动台系统的主要组成部分及相关参数信息如下，可参见图 4-5。

水平振动台 WS-Z30-50，指标：水平台尺寸：506mm × 380mm × 22mm；荷载：30kg；质量：11.5kg；材料：铝合金；功能：承载试验模型。

激振器 JZ-50，指标：工作频率：0.5 ~ 3000Hz；最大位移：±8mm；激振力：500N；质量：28kg；功能：使水平台振动。

功率放大器 GF-500W，指标：失真度：<1%；噪声：< 10mV；输出阻抗：0.5Ω；工作频率：DC ~ 10000Hz；输出电流：25A；输出电压：25V；功率：500VA；供电电压：220VAC；尺寸：44cm × 48cm × 18cm；功能：为激振器提供输出功率。

综合振动控制仪（含：16 通道数据采集仪、信号源）如图 4-6 所示。型号为 WS-5921/U60216-DA1。指标：A/D 参数：采集通道数：16 通道，分辨率：16 位，输入量程：±10V，总采样频率：200kHz；D/A 参数：分辨率：16 位，输出模拟量：

±10V，输出方式：正弦、随机波；功能：该仪器是振动台的控制仪，A/D 功能用于采集振动台台面和模型的加速度响应，D/A 功能用于输出正弦波信号、地震波信号及其他随机波信号。

图 4-5 水平振动台、激振器和功率放大器

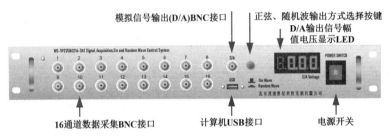

图 4-6 综合振动控制仪

电荷放大器 WS-2401，如图 4-7 所示。指标：通道数：2；电荷输入范围：0.1 ~ 50000pC；电压输入范围：0.1 ~ 5Vp；工作频率：0.16Hz ~ 20kHz；积分高通滤波器频率（Hz）：0.1 至 100，1.0 至 1k，10.0 至 10k；11 档低通滤波转折频率（Hz）：10、20、50、100、200、500、1k、2k、5k、10k、20k；衰减速率：−140dB/Oct；功能：该放大器是电荷、电压、积分和滤波四功能放大器，用来放大振动台台面标准加速度传感器信号，作为振动台控制或标定传感器的基准信号。

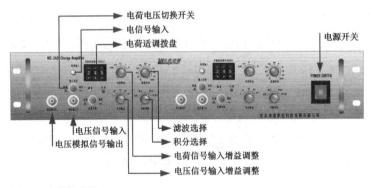

图 4-7 电荷放大器

8 通道 ICP 适调器 WS-ICP8，如图 4-8 所示。指标：通道数：8 通道 ICP 输入，8 通道电压输出；放大增益：1、10 倍；模拟电压输出：±10V；功能：ICP 适配器为 ICP 加速度传感器提供电源，8 个 ICP 输入通道可接 8 只 ICP 加速度传感器。

控制及采集系统总成如图 4-9 所示。

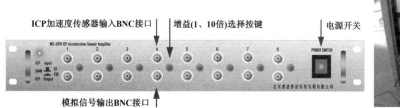

图 4-8　8 通道 ICP 适调器　　　　　　　　　图 4-9　控制及采集系统总成

4.4.4 加载与测量

（1）输入地震波

本试验采用振动台单方向加载，通过输入实测地震动数据模拟实际地震作用。振动台输入的地震波取自 2008 汶川地震中什邡八角站记录的 NS 方向加速度时程数据，原始记录数据点时间间隔 t 为 0.005s，全部波形时长为 205s，峰值加速度 581gal。截取原始记录中第 10~42s 区间内的数据，并通过等比例调整使峰值加速度放大为 1000gal，作为试验加载所用的基准输入波，如图 2-13 所示。根据试验需要，也可采用其他不同的地震波记录作为基准输入波。

（2）荷载施加方式

试验加载共分两级进行。在两级加载中，通过控制加载设备输入电压和地震波数据采样频率获得具有不同输出峰值加速度和不同卓越频率的地震波，以全面检验结构模型在不同强度和频谱成分地震波作用下的抗震性能。此两级加载的时长和台面加速度如表 4-2 所示。

加载时长及加速度　　　　　　　　　　　　　　　　　　　　表 4-2

加载等级	加载时间	采样频率	台面最大加速度参考值
第 1 级	60s	200Hz	0.4g
第 2 级	48s	250Hz	1.0g

需要注意的是，台面最大加速度通过设置在振动台台面的加速度传感器测量得到。因结构模型本身刚度及质量的影响，模型与振动台之间存在一定的耦合作用，实际加载时实测的台面加速度峰值会因模型结构形式、配重铁盒的质量不同而存在一定差异。

（3）台面和屋顶振动加速度峰值的测量

在结构模型的每一级加载过程中，都通过传感器对台面和屋顶的振动加速度进行实测。本次试验采用的加载设备所允许的台面最大水平位移为 ±10mm。若模型在加载过程中出现振动台台面位移超限，将导致台面与限位装置撞击，产生高频加速度分量。此时台面加速度传感器测得的结果是失真的。因此实测台面振动加速度将经过滤波处理、剔除撞击影响后输出。加载过程中，将实测该级加载下台面振动加速度的峰值 a_T 和屋顶加速度 a_R，用于最终模型效率比的计算。

（4）模型失效评判准则

1）第一级加载：若模型在振动过程中一直能承受屋顶钢箱的重量（即保险绳一直处于松弛状态）而不发生整体失稳或倒塌（即允许部分构件和节点破坏），并且柱脚与底板之间保持完整连接（不出现脱离或拉断现象），则视为第一级加载成功，抗震性能得分按评分规则执行，并进行第二级加载；否则视为加载失败，抗震性能得分为 0 分，并停止加载。

2）第二级加载：若模型在振动过程中一直能承受屋顶钢箱的重量（即保险绳一直处于松弛状态）而不发生整体失稳或倒塌，则视为第二级加载成功，抗震性能得分按评分规则执行；否则视为加载失败，抗震性能得分以第一级加载为准。

4.4.5 试验规程及加载测试步骤

（1）分别称量模型的质量 m 与底板的总质量 m_1（精度 0.1g）。

（2）将模型安装在底板上，并将钢箱及配重固定在模型上，如图 4-10 所示。

（3）将模型连底板安装在振动台上，紧固螺栓，钢箱与支架用保险绳连接，并在屋顶安装加速度传感器，准备进行加载。

图 4-10 试验模型及加载示意图

注：本图模型仅为加载示意，其尺寸不一定满足题目要求。

4.4.6 总分构成

本次各队试验模型在两级加载环节的表现将根据其效率比 E_i 的计算结果进行评分。第 i 级加载的效率比 E_i 的计算如式（4-2）所示：

$$E_i = \frac{M_G a_T^i}{M_M a_R^i} \quad (i=1，2，分别代表第 1 和第 2 级加载) \qquad （4-2）$$

式中 M_G——屋顶钢箱及铁块配重的总质量；

     M_M——模型（不含底板和螺栓）质量；

     a_T^i——第 i 级加载成功后通过传感器实测的台面振动加速度峰值；

     a_R^i——第 i 级加载成功后通过传感器实测的屋顶振动加速度峰值。

设 $E_{i\max}$ 为第 i 级加载时所有试验模型中的最高效率比，则各模型在第 i 级加载时的抗震性能得分按如下规则计算：

$$K_i = \frac{50E_i}{E_{i\max}} \quad (i=1，2，分别代表第 1 和第 2 级加载) \qquad （4-3）$$

根据其效率比结果获得加载阶段表现分 K 的计算公式：

$$K = K_1 + K_2 \qquad （4-4）$$

4.5 风洞模型试验

风荷载是高耸建筑或长柔结构中的主要荷载。结构设计中，一方面要保证结构具有足够的抗风能力，另一方面要从结构的选型和建筑的体型等出发，减小风对建筑物的影响。在结构模型试验中，同样有对应的项目。第三、第四届全国大学生结构设计竞赛赛题，采用风机对结构模型施加风荷载，检验结构安全。而风洞模型试验一般用于测试结构所受到的各种风载体型系数等。本书以后者为例，说明试验任务。

4.5.1 模型要求

在气流作用下，结构会受到静力和动力作用。静力作用主要因结构的阻挡引起，与外形直接相关，分别有顺风向力、横风向力、扭矩等荷载。动力作用与结构外形及固有动力特性有关，可能出现涡激共振、驰振、颤振、抖振等现象。综上，结构外形是影响静力风荷载大小及动力作用的最主要因素。本试验主要关注结构在气流作用下的静力作用。

需制作满足尺寸的高层建筑、桥梁断面或者机翼等结构，进行模型试验。

平面尺寸：不超过 160mm×160mm。

高度尺寸：400mm，总高度为模型底至顶面的垂直距离。

模型制作：模型内部根据自身结构特征搭建支撑骨架，顶面、侧面等外表面通过竹皮或卡纸密封，尽量不出现漏风问题，如图 4-11 所示。确保模型刚度要大，风作用下不能过大振动。模型底座可不密封，但要平整（尽量处于同一水平面，方便后续试验固定）。

结构模型固定于 160mm×160mm 的正方形方板上，方板与测力设备固定。

建议不同组别间选用相似的模型方案，局部微调以下参数，进行较为深入的分析探讨。

1）结构横截面变化，比如角部凹角、切角或倒角；

2）建筑立面的锥度变化；

3）建筑顶部镂空开洞——开孔率变化。

图 4-11 模型蒙皮前后图

4.5.2 试验设备及试验内容

　　以华南理工大学风洞实验室为例进行说明。实验室占地 1600 m²，风洞设计为单试验段回流型，经第三方校测，风场品质良好。洞体由动力段、扩散段、收缩段、试验段、稳定段等部分组成（图 4-12）；动力系统由功率为 250kW 的交流电机变频驱动，其系统控制、数据采集全部由计算机自动控制。风洞试验段长 24m，模型试验区横截面宽 5.4m、高 3m，试验段后端配置 4 m 直径转盘，可容纳大比例 / 大范围风洞试验模型，试验段风速 0 ~ 30m/s 连续可调，可进行各种风环境、风荷载的风工程试验测试。测力设备为美国 ATI 高频测力天平（图 4-13）。该设备可测量三维坐标系中 3 个方向的力和扭矩（F_x，F_y，F_z，M_x，M_y，M_z）；分辨率：F_x 或 F_y：小于等于 1/40N，F_z：小于等于 1/270N，M_x 或 M_y：小于等于 1/800N·m，M_z：小于等于 1/800N·m。

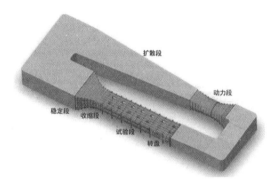

图 4-12 华南理工大学风洞效果图　　　　　　　　图 4-13 高频测力天平

　　按《建筑结构荷载规范》GB 50009—2012 中地貌类别布置来流风场，控制试验风速在 5~10m/s，风速稳定后开始测量数据。根据模型对称性，分别测试 3~5 个风向下的气动力。相关模型的加载图如图 4-14 及图 4-15 所示。

图 4-14 高层建筑加载示意图　　　　　　　　图 4-15 桥梁节段模型加载示意图

习题

4-1 选择书中的某个任务或者由教师指定的任务，学生在课后组队进行方案设计；并采用 3D 建模软件，如 AutoCAD 或者 SketchUp 等建立结构三维模型，采用 SAP2000 等结构分析软件进行模型分析；在课上展示模型方案并与教师及其他同学开展讨论；对模型方案进行改进后制作模型。

第 5 章

模型试验及结果分析

在第4章给出的若干模型试验项目的基础上，各团队宜选取相关题目作为任务。队员间分工合作、探讨结构方案、建立结构三维模型、进行结构分析，通过方案展示与教师及其他团队交流，进一步改进方案并制作模型。本章介绍在模型制作完成后，对模型进行试验所需掌握的相关知识。

5.1 静载试验

5.1.1 试验前准备

（1）实验室安全须知

在进行正式试验之前，组员需先认真阅读试验须知，详见"附录4：实验室守则"。其中最关键的是试验安全问题，组员们需始终集中注意力。

（2）试验分工

试验包括多项内容，组长需了解试验全过程的工作，并对任务进行细致分工。可参考表5-1进行。

静载试验分工表 表5-1

组员序号	任务	具体分工
团队合作	安装模型	将模型安装到加载台上，安装位移计
组员1	加载	认真阅读加载指导书，了解加载流程。加载前戴上安全帽和护目镜及手套，挂上结构安全挂绳，避免结构突发破坏导致的意外伤害。逐级进行加载，在每级加载成功后通知负责数据采集的组员进行采集
组员2	数据采集	在老师指导下采集数据，包括应变片数据及位移数据。加载完毕后将测量结果导出为可用于绘图的数据文件
组员3	录像	记录加载全过程视频，用于后续进行视频分析
组员4	拍照	所需拍摄的照片包括：① 试验前全部队员与模型合照；②模型安装完毕后的整体照片（以模型为主体，不出现人像）；③各种细部照片，包括模型支座及节点照片、应变片照片、位移计布置照片、数据采集仪照片、采集软件界面照片等；④模型破坏整体照片及局部照片
组员5	试验现象记录及现场协调	打印如表5-2所示的静载试验记录表，记录试验中的各种现象（如变形、声音、破坏情况），并协调其他所有组员工作

5.1.2 应变片粘贴

贴片时间：可提前一天或在试验开始前提前半个小时进行粘贴。

粘贴位置：在模型中选取受力较大的位置布置若干应变片。

粘贴流程：如图 5-1 所示。

注意事项：粘贴过程中注意应使应变片和端子都与杆件粘牢。电线末端（靠近端子处）可用少量 502 胶水粘贴到杆件上，并用电工胶布捆绑在杆件上，以防试验操作过程中应变片拉脱。粘贴完毕后需对应变片电阻进行测量，一般为 120Ω，表示该应变片可正常工作。试验准备过程中也需注意应变片的保护，避免拉扯踩踏连线。

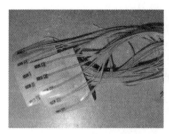  

（a）已连接好的应变片和端子　　（b）贴好的应变片，用胶带保护　　（c）确认应变片电阻为120Ω

图 5-1 应变片粘贴流程

5.1.3 模型安装及加载

模型安装：模型与加载台的连接方式有多种，如图 5-2 中模型采用带螺杆的不锈钢压条与加载台底板进行连接的方式。此时只需拧松螺栓，将模型放入，再旋紧螺栓进行压条的固定即可。这种加载方式要求结构底部基础梁有充足的承载能力且模型在压条位置具有一定的局部承压能力。

安装位移计：在结构模型需要测量位移的地方，需粘贴一块具有一定刚度及尺寸的薄片（比如尺寸为 30mm×30mm×1mm 的金属片），与机械位移计的探针接触或接收激光位移计的信号，用于测量位移。

加载装置：一般静载结构采用砝码加载是较为简单的方式。砝码多数置于加载挂盘上，加载挂盘再与结构间通过加载条或者尼龙绳进行连接。图 5-2 展示的是采用圆形加载条进行加载的方式。此时，要求在模型对应的加载位置布置前后小凸起，用于限制圆形加载条的滚动，保证加载点在加载过程中不发生移动。

根据不同的模型试验逐级施加荷载，采用表 5-2 记录荷载情况及试验现象，并同时进行数据采集。试验完成后，每队清理完试验产生的垃圾后，方可离开实验室。

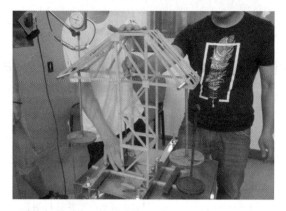

图 5-2 加载杆件的安装示意图

<table>
<tr><td colspan="4">第 n 组静载试验记录表</td><td>表 5-2</td></tr>
<tr><td>加载状态</td><td>短臂荷载</td><td>长臂荷载</td><td colspan="2">试验现象</td></tr>
<tr><td>1</td><td></td><td></td><td colspan="2"></td></tr>
<tr><td>2</td><td></td><td></td><td colspan="2"></td></tr>
<tr><td>3</td><td></td><td></td><td colspan="2"></td></tr>
<tr><td>…</td><td>…</td><td>…</td><td colspan="2">…</td></tr>
</table>

5.1.4 模型试验结果数据分析

试验结束后，需要拍摄破坏的位置，通过录像及照片分析模型结构从何处开始破坏，找出引起破坏的原因，并对此提出优化措施。图 5-3 为静载模型破坏图。一般而言，在结构模型试验中，较容易出现的是杆件局部拉脱、拉断或者压坏、杆件局部失稳或杆件整体失稳等问题。这也将导致试验结果与分析结果存在较大差异。随着结构体系、细部构造、制作工艺等的不断完善，各种意外问题将不断消除，试验结果也将与分析结果逐步接近，杆件的利用率也会得到逐步提高。对试验结果进行分析的过程，是用实践验证理论知识的过程，将使得大家对课本中抽象的概念有更好的认知。

（a）杆件断裂

（b）基底杆件破坏

（c）梁柱连接面拉脱

（d）塔尖结构拉脱

 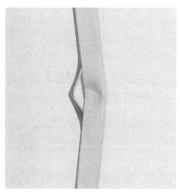 

（e）局部破坏引起的整体失效　　　　　（f）局部失稳　　　　（g）整体失稳　（h）整体侧向失稳

图 5-3　静载模型破坏图

　　由于在试验中布置了位移计及应变片，因而在试验后需对结果进行图表绘制，并进行数据分析。图 5-4 给出某静载加载曲线图范例。可通过数据图表进行分析，了解关键部位的受力情况，并与软件分析结果进行对比研究。

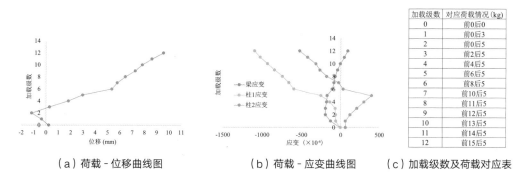

（a）荷载-位移曲线图　　　　　（b）荷载-应变曲线图　　　　（c）加载级数及荷载对应表

图 5-4　静载荷载-位移、荷载-应变曲线图

5.2 动载试验——小型振动台试验

5.2.1 试验前准备

　　不同于静载试验采用砝码加载，小型振动台的试验由加载仪器控制。此处以 4.4 节中的任务为例进行说明。组长需了解试验全过程的工作，对任务进行细致分工，可参考表 5-3 进行。

组员序号	任务	具体细节
团队合作	安装模型	将模型安装到加载台上，安装加速度传感器
组员 1	数据采集	在老师指导下采集加速度传感器数据，加载完毕后将测量结果导出为可用于绘图的数据文件
组员 2	录像	记录加载全过程视频，用于后续进行视频分析
组员 3	拍照	所需拍摄的照片包括：①模型安装完毕后的整体照片（以模型为主体，不出现人像）；②各种细部照片，包括模型支座及节点照片、加速度传感器照片、采集软件界面照片等；③模型破坏整体照片及局部照片
组员 4	试验现象记录及现场协调	打印如表 5-4 所示地震作用试验表格。记录试验中的各种现象（如变形、声音、破坏情况），并协调其他所有组员工作

第 n 组地震作用试验记录表 表 5-4

模型状态	地震状态 1	试验现象
有拉条	一级加载	
	二级加载	
无拉条	一级加载	
	二级加载	

5.2.2 模型安装及加载

图 5-5（a）、（b）展示的是采用钢压条固定结构底部的示例。模型顶部需放置铁盒及配重铁块。若顶部铁盒尺寸大于结构尺寸，需制作相应的结构用于支撑铁盒，如图 5-5（c）、（d）所示。铁盒与结构采用热熔胶进行连接。而后根据顶部重量需求，在铁盒中逐步增加铁块，以达到所需顶部荷载。在模型相应位置采用热熔胶对加速度计进行安装和固定。模型可考虑设置部分拉条，在试验中通过剪断拉条来考察结构刚度与结构地震响应的相关性。

采用仪器对模型施加地震波，依次施加 4.4 节中介绍的两级台面加速度的地震波。若结构模型可通过试验考验，可将结构中的部分拉条剪断，重新试验进行对比。

5.2.3 模型试验结果数据分析

在振动台模型试验中，结构可能出现各种破坏的情况，与静载试验类似，组员们同样应该结合录像，分析破坏的部位，优化结构体系，对结构在地震作用下的性能开展研究。

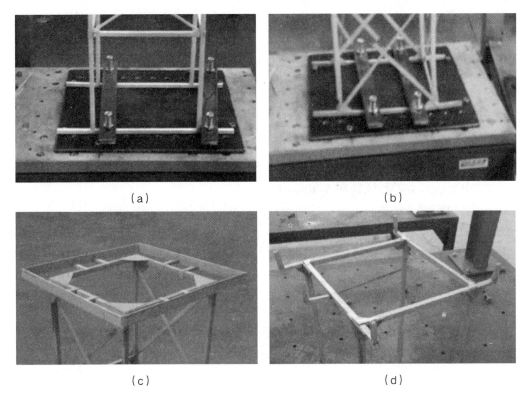

（a）　　　　　　　　　　　　　（b）

（c）　　　　　　　　　　　　　（d）

图 5-5 动载模型安装图

　　试验中在振动台台面和结构顶部都布置了加速度传感器，因而在试验后可对结果进行图表绘制，并进行数据分析。图 5-6 给出某结构在加载过程中底部和顶部的加速度测量结果，可对此开展分析讨论，并与软件分析结果进行对比研究。

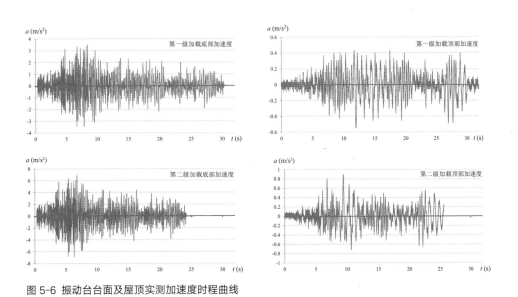

图 5-6 振动台台面及屋顶实测加速度时程曲线

5.3 动载试验——风洞试验

5.3.1 模型安装及试验

试验前的准备可参考振动台试验。

1）在实验室工作人员的协助下将模型固定于试验平台上；

2）开始试验并控制风速在 5~10m/s 间；

3）待风速稳定后采集气动力及风速数据；

3）根据模型对称性转动 3~5 个风向角，继续采集数据并完成试验。

5.3.2 模型试验结果分析

风洞试验中，模型一般不会产生破坏。基于试验获得的数据，可得到模型在 x、y 轴向的气动力及绕 z 轴的力矩 M_z，相应的气动力及风向定义如图 5-7 所示。

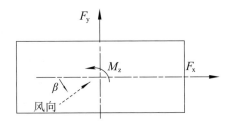

图 5-7 风向及力坐标系

式（5-1）给出了模型的气动力与体型系数的关系。

$$F_x = \frac{1}{2}\rho U^2 C_x BH$$

$$F_y = \frac{1}{2}\rho U^2 C_y BH \qquad (5\text{-}1)$$

$$M_z = \frac{1}{2}\rho U^2 C_M B^2 H$$

式中　F_x、F_y——分别为 x 向、y 向力平均值；

　　　　M_z——力矩（扭矩）平均值；

　　　　ρ——空气密度，取 1.225kg/m³；

　　　　U——试验风速；

　　　　C_x、C_y——分别为 x、y 向力系数（体型系数）；

C_M——结构扭矩系数；

B——结构迎风面等效宽度，一般直接取 0° 风向时的结构横风向宽度；

H——结构高度。

以下以某模型的风洞试验结果为例，说明其分析流程。模型图及加载图如图 5-8 所示。

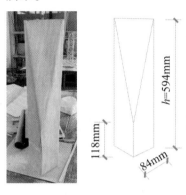

图 5-8 风洞模型及加载示意图

通过采集到的数据，得到风洞试验中模型高度处的动压为 28.665Pa。

风压与风速的换算关系为：

$$p = \frac{1}{2}\rho U^2 \qquad (5-2)$$

式中　p——风压；

　　　ρ——空气密度，取 1.225kg/m³；

　　　U——平均风速，经计算 U= 6.841m/s。

在高频天平的测试文件 force0deg、force45deg、force90deg 中可分别得到风与体轴的夹角为 0°、45°、90° 时的 Force X（N），Force Y（N），Force Z（N），Torque X（N·m），Torque Y（N·m），Torque Z（N·m），将数据绘制图表，可分别得到在风向与体轴的夹角为 0°、45°、90° 时，模型的力和扭矩随时间变化的图形。以 0° 方向为例进行说明，如图 5-9 所示。

通过对所给的在不同时间模型的受力数值取平均可得到模型受力的平均值，如表 5-5 所示。

不同角度下模型受力的平均值　　　　　　　　　　　表 5-5

角度	F_x（N）	F_y（N）	M_z（N·m）
0°	1.189	−0.326	−0.003
45°	1.216	−0.240	0.002
90°	−0.424	0.742	−0.012

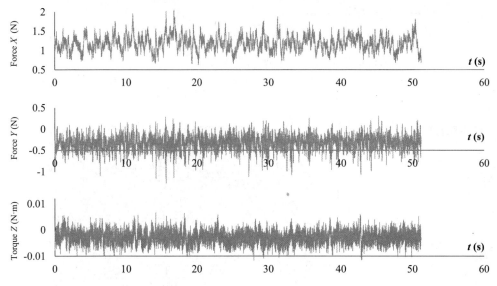

图 5-9 风向为 0° 时受力情况图

根据公式（5-1），得：

$$C_x = \frac{2\,F_x}{\rho U^2 BH}$$

$$C_y = \frac{2\,F_y}{\rho U^2 BH} \qquad\qquad (5\text{--}3)$$

$$C_M = \frac{2\,M_z}{\rho U^2 B^2 H}$$

公式各参数含义同式（5-1）。U 取 6.841m/s。B 为结构迎风面等效宽度，一般直接取 0° 风向时结构横风向宽度，根据图 5-8 所示，本例取 84mm；H 为结构高度，本例取 594mm。

通过计算可得不同风向时该模型的三分力系数，如表 5-6 所示。由于风洞试验中来流风速并非均匀，而是沿高度方向以指数律变化，此处采用式（5-3）计算的三分力系数仅为示例，风速统一取模型高度风速，而未考虑不同高度的风速变化。

不同角度下模型的三分力系数 　　　　表 5-6

	0°	45°	90°
C_x	0.831	0.601	−0.297
C_y	−0.228	−0.119	0.519
C_M	−0.002	0.001	−0.008

5.4 小结

当精心制作了许久的结构模型进行试验之后，组员们一般都能发现许多的问题。比如看起来非常纤细仅重几十克的结构，竟然可以承受住很大的荷载。但也可能会后悔，为什么在其他结构还完好无损的情况下，某些部位会突然失效，甚至导致了试验的失败。但一般模型试验很少有一次就优化得到最佳结构的，建议大家可在以下几方面展开思考并对模型进行进一步的优化。

通过静载试验可探讨以下几个问题：

（1）稳定和强度的关系如何？

（2）什么是平面外和平面内的稳定问题？

（3）结构构型与试验结果的关系如何？

（4）计算分析与试验结果对比如何？

（5）如何通过提高结构的局部承载力而提高整体承载力？

（6）复杂空间节点的连接方式如何优化？

（7）所制作的节点是铰接还是刚接，若与计算模型不符，需要如何进行调整？

（8）结构的承载力与构件或者节点的承载力关系是怎样的？

（9）结构试验中得到的优化方向与结构分析中的优化方向，是否一致？

通过动载试验可探讨以下问题：

（1）结构的刚度减小对于抗震是优点还是缺点？

（2）结构的基底加速度与上部加速度的关系如何？

（3）顶部结构重量起了什么样的作用？

（4）结构之中的斜撑或者拉带起了什么样的作用？

（5）有什么措施可提高结构的抗震性能？

（6）风洞试验中得到的三分力系数与国家规范中类似横截面的体型系数的差异是什么，原因何在？

相信在掌握了软件分析、模型制作、模型试验的基本知识后，有付出、有思考，必有收获。还可利用此平台去开展更多有意义的研究。

习题

5-1 对所完成的结构模型进行试验，记录试验现象及数据，在试验完成后分析试验结果，并制作试验视频，在课上展示试验结果并与理论方案进行对比分析，提出对试验的思考及优化措施，可进一步开展结构优化后的试验，最后进行试验报告撰写。

第 **6** 章

国内外结构设计竞赛简介

在结构模型试验中，各团队力求用最轻的材料去承受同样的荷载，但由于结构模型的复杂性，要达到理想结构最优解几乎是不可能的。于是大家奇思妙想，追求更轻更强的结构，这种竞技就逐渐形成了当前国内外多姿多彩的结构竞赛。前面几章介绍了结构模型分析、制作和试验的全过程，有兴趣的同学可参加后续相关结构竞赛。本章对部分国内外的结构设计竞赛进行简要介绍。

6.1 国内大学生结构设计竞赛简介

6.1.1 概述

目前国内级别最高的结构模型竞赛是全国大学生结构设计竞赛。全国大学生结构设计竞赛起源于 2005 年，第一届在浙江大学举行。在此之前，已出现过多项校级及省级的竞赛。

表 6-1 列出部分省级以上的国内结构竞赛的资料，包括竞赛内容、材料类型、荷载形式等，基本涵括大部分的国内结构设计竞赛的类型。

由表 6-1 可见，桥梁类结构、塔式高层建筑结构、屋面结构等占了模型竞赛的绝大部分比例，这与建筑结构的主要类型相匹配。在所采用的材料中，竹材、木材、纸占了大部分，其他的如有机玻璃、铝材、PVC、混凝土材料仅占少数，这主要与模型制作方式相关。在荷载类型中，静荷载占了最主要的比例，但移动荷载、风荷载、地震作用、直接冲击荷载、波浪荷载等也常出现在竞赛题目中，荷载类型非常完善。

表中尚有未列出的内容，如评分标准、制作方法等。各大赛的评分体系基本相同，包括：①设计图及计算书；②制作质量；③现场表现；④结构重量；⑤承载力等内容。其中荷质比（结构所承受荷载 / 结构重量）是一项重要的指标。但不同的比赛还需根据具体比赛目标设置评分指标，如发电功率、振动加速度、结构刚度等。制作方法方面，各大赛多采用在现场 2~3 天内统一制作的方法，使比赛更加公平。

从表 6-1 中可看出，近年的竞赛相较早期有不少变化，题目更新颖，荷载类型变化更多，荷载和结构参数也引入随机变量。这些变化对学生的创新性提出进一步的要求。

赛事	届	竞赛内容	材料类型	荷载形式
全国赛	1	高层建筑结构	纸、透明纸、蜡线、白乳胶	侧向静荷载、侧向冲击荷载
	2	两跨桥梁结构	纸、铅发丝线、白乳胶	移动荷载
	3	定向木结构风力发电塔	木材、502 胶水	风荷载
	4	体育场看台上部悬挑屋盖结构	木材、布纹纸、502 胶水	竖向静荷载、风荷载
	5	带屋顶水箱的竹质多层房屋结构	竹材、502 胶水、热熔胶	地震作用
	6	吊脚楼建筑抵抗泥石流、滑坡等地质灾害	竹材、502 胶水、热熔胶	质量球撞击荷载
	7	高跷比赛	竹材、502 胶水	运动荷载
	8	中国古建筑模型振动台比赛	竹材、502 胶水	地震作用
	9	山地 3D 打印桥梁结构比赛	竹材、502 胶水、3D 打印材料	移动荷载
	10	承受静载的大跨度屋盖结构	竹材、502 胶水	均布荷载
	11	渡槽支撑结构	竹材、502 胶水	水荷载
	12	承受多荷载工况的大跨度屋盖结构	竹材、502 胶水	随机选位荷载、移动荷载
	13	山地输电塔模型设计与制作	竹材、502 胶水	随机选位静荷载
	14	变参数桥梁结构模型设计与制作	竹材、502 胶水	静荷载、移动荷载
	15	三重木塔结构模型设计与制作	竹材、502 胶水	随机选位静荷载
华东地区赛	1	桥梁结构模型	铝材、铆钉	车辆运动荷载
	2	木制屋面结构	木材、502 胶水	竖向荷载、竖向冲击
	3	桥梁模型	有机玻璃板、铁丝	车辆运动荷载
	4	满足条件的模型	木材、502 胶水	竖向静荷载、竖向冲击荷载
	5	满足条件的模型	木材、502 胶水	竖向静荷载、水平冲击荷载
	6	多层结构模型	木材、502 胶水	竖向静荷载、水平冲击荷载
	7	高层建筑抗震性能模拟地震振动台试验	有机玻璃、502 胶水	地震作用
	8	满足条件的空间结构模型	木材、502 胶水	竖向和水平静载，可拆除构件
	9	双悬臂空间结构模型	木材、502 胶水	双悬臂端竖向静载、摆动荷载
	10	满足条件的大跨度结构模型	木材、502 胶水	竖向和水平静载、水平冲击荷载
	11	三层装配式建筑结构模型	纸、白乳胶	竖向和水平静荷载、水平冲击荷载
	12	双塔连体结构	竹材、502 胶水	竖向和水平静荷载
	13	多层装配式混凝土框架房屋	钢丝、快硬早强水泥浆、螺栓、PVC 硬塑料板、硬 PVC 专用胶水	竖向和水平静荷载
	14	防撞结构模型	木材、502 胶水	竖向静荷载、竖向撞击荷载
	15	桥梁结构顶推法施工模型设计与制作	竹材、502 胶水	静载、结构移动产生的荷载

赛事	届	竞赛内容	材料类型	荷载形式
中南地区赛	1	简支结构模型设计	纸、白乳胶	竖向静荷载
	2	承受局部荷载的纸质结构模型	纸、白乳胶	竖向静荷载
	3	两跨渡槽结构模型	纸、蜡线、白乳胶	堆沙荷载
	4	刚性桥墩单跨桥梁结构模型制作和加载试验	竹材、502 胶水	静荷载、移动荷载
	5	高压输电塔结构设计	竹材、502 胶水	静荷载
浙江省	1	体育馆结构模型	纸、蜡线、白乳胶	竖向静荷载
	2	单跨桥梁结构模型	纸、蜡线、白乳胶	竖向静荷载
	3	承受偶然荷载的多高层建筑结构模型	纸、白乳胶	静荷载、冲击荷载
	4	桥梁结构模型	有机塑料、胶水	竖向移动荷载
	5	大跨屋盖结构模型	易拉罐（铝质）和白乳胶	竖向静荷载
	6	输电塔结构模型	牛皮纸、蜡线、白乳胶	竖向静荷载、水平静荷载
	7	自立式塔式起重机结构模型	牛皮纸、铅发丝线、白乳胶	竖向静荷载、水平静荷载
	8	动力结构模型	PVC 塑料、铅发丝、胶水	动荷载
	9	动力结构模型	木材、502 胶水	动荷载
	10	模板支撑结构	木材、502 胶水	静荷载
	11	海洋平台结构	木材、塑料片、502 胶水	竖向、水平静载，水平风荷载、波浪荷载
	12	广告牌结构设计与模型制作	集成竹材、502 胶水	风荷载
	13	高架水塔结构设计与模型制作	集成竹材、502 胶水	水平荷载、突然卸载
	14	碰撞冲击下梁式结构	集成竹材、棉蜡线、502 胶水	竖直静载和水平冲击荷载
	15	塔式停车楼结构设计与模型制作	集成竹材、502 胶水	静载及水平振动作用
	16	不等跨两跨桥梁设计与模型制作	集成竹材、棉蜡线、502 胶水	移动荷载及振动作用
	17	施工平台结构设计与模型制作	集成竹材、502 胶水	静载（队员重量）
	18	输电塔结构设计与模型制作	集成竹材、502 胶水	静载
	19	观光塔结构模型设计与模型制作	集成竹材、502 胶水	静载、振动荷载
	20	不等跨双车道拉索桥结构设计与模型制作	集成竹材、502 胶水	移动荷载

6.1.2 第一届全国大学生结构设计竞赛

2005 年第一届全国大学生结构设计竞赛的题目是"高层建筑结构模型设计与制作"，要求各团队使用竞赛组委会统一提供的材料（230 克巴西白卡纸、透明硫酸纸、蜡线、白乳胶），制作包括上部结构部分和基础部分的模型。上部结构高度为

1000 ± 10mm，层数不得少于 7 层。每层必须设置楼盖，楼盖至少设置 2 根横梁。底层层高不得小于 70mm。基础的平面尺寸不得超过 280mm×280mm，基础的最大埋深为 200mm，采用铁砂进行压重。要求：在侧向静荷载作用下，模型顶部水平位移不超过 30mm；在侧向冲击荷载作用下，模型顶部水平位移不超过 50mm。最终得分将通过综合建筑造型（20分）、结构方案（10 分）、理论分析（10 分）、模型制作（10 分）、叙述答辩（5 分）、加载试验（45 分）来进行评定。详细赛题可扫描右侧二维码查看。

第一届赛题

在现场制作出的 49 个模型各具特色，展现了大学生们天马行空的创作能力、良好的团队协作精神及极强的动手能力。同学们采用各种形式的截面杆件，充分利用硫酸纸的蒙皮效应，对蜡线巧妙施加预应力，采用折板结构对基础底板进行加强，采用变层高结构对结构受力性能进行优化。

（1）结构选型

对于该题目，当年同学们有着两种理解。一种是所制作出的模型应该是高层建筑的缩影，它可还原为实际的高层建筑，不仅让具有 1m 高的纸模型可顺利承受水平、竖向荷载，而且应该让模型可作为实际 100m 高层建筑结构的一个基本体系，构建出合理的建筑结构。而另一种理解是，只要构建出可承受规定荷载的 1m 高模型即可，无需考虑太多高层建筑的特性。

而现场展示的模型也可按此分为两类，一类是以原型结构缩小的巨型结构、筒体结构、筒中筒结构等体系，质量偏大，多数在 800g 以上，最重的有 1400g。另一类是直接针对 1m 高模型建立的桁架模型，此类结构杆件非常细，质量很轻，在300 ～ 600g，如图 6-1 所示。由于本届比赛评分结构质量的权重很大，因而获得较好成绩的均为第二类模型。可见在结构大赛的初期阶段，大家的观点尚未完全统一。

成绩较好的结构模型中，大部分以斜柱斜撑结构为主；采用蜡线作为重要结构受力部件的模型，除少数模型外，其余成绩并不理想。究其原因，除蜡线的材料性能不太稳定之外，还与其细部构造复杂有关。要让蜡线具有较好的受力性能，需要施加预应力，但这较难控制也存

（a）斜杆桁架结构 1　　　　　　　（b）斜杆桁架结构 2

图 6-1 第一届结构大赛模型

在预应力损失。要取得较好的参赛成绩，须对比赛规则有准确而深刻的理解，结构选型非常重要。

（2）细部构造

细部构造主要体现在杆件及节点的制作上，杆件制作质量相对较好控制，而对于有多根杆件交汇的节点部分，其对结构受力影响很大，也是模型制作的难点之一。图 6-2 是两种比较成功的节点形式。它们均采用附属部件对节点进行加强、部分杆件也进行连续化制作的处理。

（a）

（b）

图 6-2 节点形式

（3）基础形式

由于结构顶部会受到较大的水平力作用，而结构底部是采用铁砂进行压重的，为保证结构不发生倾覆破坏，基础必须具有足够的强度和刚度。本次比赛的模型中，基础部分是整个模型中变化最多的地方，类型变化甚至比上部结构还多。图 6-3 是两种基础范例，它们分别采用了折板形式及预应力拉索形式。

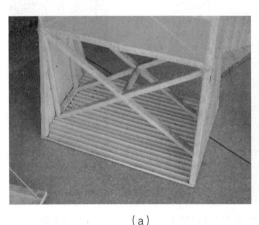
（a）

（b）

图 6-3 基础形式

6.1.3 第二届全国大学生结构设计竞赛

第二届全国大学生结构设计竞赛于 2008 年在大连理工大学举办。题目是"两跨双车道桥梁结构模型设计、制作和移动荷载作用的加载试验"。竞赛规定最大加载重量为顺利通过两辆 10kg 小车，因而寻求最轻结构就成为本次比赛的重要目标。从比赛结果看，能完成额定目标的最轻结构为 269g，最重结构为 1273g，可见结构优化程度对经济性影响很大。完整题目可扫描右侧二维码查看。

第二届赛题

（1）结构类型

本次竞赛的结构类型丰富，有桁架式桥（几乎没有重复的结构体系，构成桁架的构件包括刚性杆、柔性纸带或拉线，有双榀、四榀、空间三角形桁架结构等）、斜拉桥、梁式桥、拱桥（有三角形拱和弧形拱、垂直或者倾斜的竖向拉杆）、蒙皮结构桥（包括纯膜式蒙皮形式及蒙皮结合桁架形式）、刚架桥及一些混合类型的结构。从获得前几名的结构形式来看，桁架式结构及蒙皮式结构取得了很好的成绩。继第一届全国大学生结构设计竞赛中某作品采用硫酸纸蒙皮结构的精彩表现后，本次竞赛又有多个学校大胆采用蒙皮结构，且都获得非常好的效果。图 6-4（a）、（b）是两个典型的蒙皮结构，可见在受力阶段，蒙皮结构的受力特征非常明显。而采用铅发丝线作为拉索构件的结构，由于此线材较容易松弛，若无良好的施工工艺，则其预应力无法得到保证，结构性能较难得到充分的发挥。

（a）蒙皮结构 1　　　　（b）蒙皮结构 2　　　　（c）折板形式桥面板

图 6-4 第二届结构大赛模型图

（2）杆件类型

杆件截面类型也是多种多样，有圆形截面、箱形截面、三角形截面、十字形截面、工字形截面、T 形截面、双箱形或四圆形复合组合截面等截面形式，充分发挥了学生的聪明才智。减轻构件自重的同时也提高了结构的刚度。不少轻巧结构在顺利完成比赛时还能保持小于 10mm 的挠度（比赛要求是 20mm），此类型杆件的应用功不可没。

（3）桥面板类型

由于小车必须在桥面上行走，如何加强桥面结构也是关键技术之一。在本次比赛众多模型的桥面结构中，有梁式结构加强、板带加强、横向加肋等众多结构形式，如图6-4（c）所示为某代表队所采用的折板结构加强形式，这也是一种安全高效的板面体系。

（4）细节构造

"强柱弱梁、节点更强"是结构设计的基本原则之一。由于纸质结构不同于实际的混凝土结构及钢结构，其构件连接可靠性较低，只是通过白乳胶连接在一起。如何构造出刚接节点、铰接节点或形成连续的预应力构件就是模型需解决的细部问题。从现场的模型看，参赛学生同样进行了巧妙构思。如图6-5（a）、（b）所示采用的连续杆件折成压杆，板带连续形成预应力拉索；图6-5（c）采用整体挖空形成构件侧面形状以增强整体性，这些都是非常优秀的处理方式。另外由于小车必须在跨中停留一段时间，因此不少队伍针对此问题作了加强处理，有采用局部粘贴纸带进行加强的，也有采用子结构进行加强的。这些都是非常注重细节的表现，许多时候，细节决定成败。

 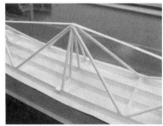 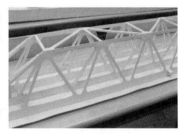

（a）连续化构件1　　　　　（b）连续化构件2　　　　　（c）整体挖空结构

图6-5 细节构造图

（5）失败原因反思

竞赛是激烈而残酷的。在这个竞技舞台上，有胜者的荣耀也有败者的悲壮。本次比赛中失败模型的原因多种多样。有构件受力不足而破坏的，如拉带被拉断或者压杆失稳；有节点连接处未能保证刚性而导致破坏的；也有部分队伍未充分考虑现场加载设备的不确定性，由于加载时需由队员自己手工拉动加载小车前进，控制难度较大，部分采用拉索的斜拉桥，小车被卡在拉索处而无法前进，也有些结构桥面板太薄，桥面被车轮割破导致小车无法前行而失败。本次模型竞赛与实际的结构设计是有类似之处的，除考虑理想化荷载外，还须充分考虑各类偶然情况的出现。相信比赛结果会对各选手有更深层次的触动，必将对其以后的学习工作有深刻的影响。

6.1.4 第三届全国大学生结构设计竞赛

第三届全国大学生结构设计竞赛在同济大学举行。以"定向木结构风力发电塔的设计与制作"为主题。此次比赛与前两届有较大区别。一方面是不再采用纸质材料与白乳胶，而改为使用桐木和 502 胶水，桐木规格包括 2mm×2mm、2mm×6mm、6mm×6mm 木条，1mm×55mm 木板；另一方面评分点亦不仅是结构方面的，而是规定加载阶段发电功率和结构重量分别占总成

第三届赛题

绩的 40% 和 30%。刚度、计算书、现场表现等亦在整体评价体系中占一定比例。可扫描右侧二维码查看完整题目。

根据评分标准，如何平衡发电功率与结构自重就成为本次比赛的重要目标。从比赛结果来看，最高平均功率为 36.36W，最低平均功率接近 0。结构（包括塔架及叶片）最轻质量为 95.0g，最重质量为 239.1g。表 6-2 列出获得本次比赛前 12 名的参赛队伍的模型质量及功率得分，可见其中发电功率所占的比例非常大。表中多数队伍的叶片质量均大于塔架质量。获得较大发电功率的队伍多数叶片质量较大。而表中达到最强发电功率的队伍，其叶片或塔架仍存在着一定的优化上升空间。本次比赛还设置了刚度比值、计算书、现场表现等分值。从比赛结果看，本次比赛规定的中风速下的塔顶最大位移 8mm 的限制稍宽松，基本上所有的队伍均在此项上拿满分。另外，由于几支强队的惊人发电功率，比赛采用 $40\% \times P_i/P_{max}$（P_i 为第 i 支队伍的发电功率，P_{max} 为所有队伍中的最大发电功率）的记分法，使得中间分数段差距微小，大量队伍仅依靠零点零几分的微弱差距来决定名次。通过这次比赛，许多参赛选手都认同，"仔细阅读并读懂比赛规则"是至关重要的一个步骤。

前 12 名参赛队伍的模型参数及得分　　　　表 6-2

参赛队	塔架质量（g）	叶片质量（g）	叶片数量	螺钉数	结构总重（g）	发电功率分
1	67.4	83.9	3	10	171.3	39.55
2	49.8	105.1	6	15	184.9	40.00
3	68.0	48.6	3	9	134.6	33.89
4	47.0	76.7	4	7	137.7	34.93
5	47.3	49.0	3	9	114.3	25.67
6	75.0	82.7	4	11	179.7	34.4
7	94.4	127.7	4	8	238.1	39.96
8	48.7	78.4	3	10	147.1	30.13
9	59.0	55.5	3	10	134.5	26.93

参赛队	塔架质量（g）	叶片质量（g）	叶片数量	螺钉数	结构总重（g）	发电功率分
10	47.6	48.7	3	10	116.3	24.33
11	83.7	131.4	4	12	239.1	36.76
12	50.1	68.8	3	9	136.9	25.68

（1）叶片类型

本次比赛叶片选型可谓百花齐放。如图 6-6（a）~（d）所示，叶片数量有 3、4、6、8 等几种。叶片构造则类型更丰富，部分叶片构造如图 6-6（e）~（g）所示，有外端加大型、芭蕉扇形、小扇形及扭曲型等。而叶片截面形状也有平板形、折线形、弧形及翼形等多种。叶片攻角多数采用同一攻角，也有采用变化对称攻角的。从结果看，采用翼形扇叶或采用板式加肋的叶片形式，在叶片总面积较大时，均能取得不错的成绩。

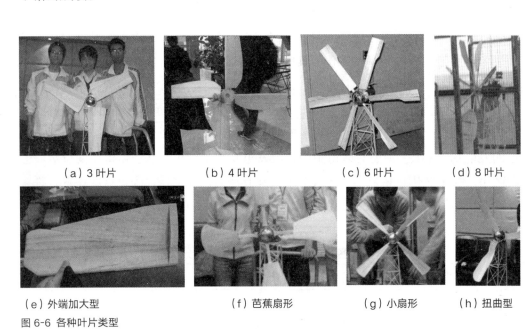

（a）3 叶片　　（b）4 叶片　　（c）6 叶片　　（d）8 叶片

（e）外端加大型　　（f）芭蕉扇形　　（g）小扇形　　（h）扭曲型

图 6-6　各种叶片类型

（2）塔架形式

塔架类型也是多种多样，部分塔架结构如图 6-7 所示。多数结构横截面为三角形，也有采用正方形、圆形、倒三角锥加桅杆等类型。很多作品尽量采用 2mm×2mm 细木条拉杆，以最大限度地减轻构件的自重并提高结构的刚度。柱截面类型中有 T 形、L 形、方形、工字形、箱形（由木板组合而成）等。不少作品将细木条及薄板经胶水组合构成受力结构，在制作工艺和组装精度上均达到很高水平。

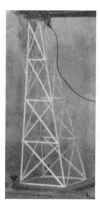

图 6-7 各种塔架类型

（3）细节构造

木结构与胶水连接在制作上相对纸结构而言较为简便，比较接近钢结构，可有目的地在薄弱地方加强。制作时须确保受拉节点可靠连接不脱开；保证压杆不失稳，如采用增加截面尺寸、制成梭形或格构式压杆等措施。本次竞赛各校模型的节点连接，有通过挖槽并采用传统木结构榫接的；有采用 L 形柱增大横梁与立柱的节点接触面积的；有增加节点板的；也有采用环梁连接的。从模型的其他细节构造上看，参赛学生进行了巧妙构思。如某参赛队伍在桅杆中施加预应力增强受拉杆件的刚度。某些队伍施加预应力的方法也很巧妙，如采用预压法使杆件发生压缩变形，在连接后松开使得构件存在预张力。斜撑形式也有交叉布置、单向布置、K 形布置等各种形式。而柱脚、扇叶与钢连接件等细部构造亦有多种多样巧妙的构思，如某参赛队伍，只使用了 5 个螺钉，就固定了塔架和多个叶片。

（4）叶片在风力下的动力特性

为在比赛现场发挥出应有水平，赛前试验和制作应尽量模拟比赛情况。从现场各参赛队伍的阐述中可知，大部分的参赛队伍都在赛前模拟了实际的比赛环境，并参考空气动力学等相关知识进行探索研究。如有参赛队就借助风速仪去研究鼓风机在比赛加载时的风场分布，利用风场流速分布规律适当地改变风叶形状。由模型试验可知，低电阻负载下风叶形状和攻角特征比较接近慢速桨，因而不能套用目前成熟的高速桨模型，而要以实际试验结果为准。通过与其他参赛队伍的现场竞技，作者所在学校队员发现本队的叶片问题仍存在缺陷，如叶片加劲肋设置不足，高风速下叶片变形过大而改变初始构型导致无法在高风速下达到高功率，而采用双面封板的做法在增加质量的同时并不能有效地提高功率。这些均是大赛给学生们带来的宝贵经验。

（5）失败原因反思

本次比赛中不乏一些失败情况。较普遍的是不少队伍的叶片基本没有转动起来或功率很低。这与赛前模拟情况大相径庭，各队伍在学校进行模拟时，扇叶都是高速转动的。究其原因是未能仔细阅读比赛规则所致，此次比赛采用 15Ω 的电阻，此项数值被不少参赛队伍忽略。试验表明，电阻大小影响到最后的发电功率。比如作者所在学校参赛队在早期试验未加电阻的情况下试验了多种小面积叶形并取得不错的结果，但在后续采用电热丝电阻及滑动变阻器之后，发现小叶形扇片几乎无法带动发电机，因而才改用大叶形，浪费大量的宝贵时间。其他一些失败模型还包括，叶片根部连接处不牢靠使得叶片折断而导致叶片破坏；叶片变形过大，碰撞塔架导致损坏；叶片攻角未设置好而导致功率偏低。而由于塔架共振过大或承载力不足造成塔架破坏的情况则很少，可见在塔架方面大家做得足够安全。值得注意的是，有一支队伍由于搬运时的失误造成模型在加载前先出现破坏，这种人为的错误比赛时一定要避免，参赛选手在现场须冷静处理现场安装和模型保护等问题。失败不是结束，这其实也是一种财富，关键是要发现失败原因、寻求解决的对策，从中获取经验和教训，避免在以后遇到类似问题时再次跌倒。

6.1.5 第十二届全国大学生结构设计竞赛

2018 年第十二届全国大学生结构设计竞赛在华南理工大学举行。赛题是"承受多荷载工况的大跨度空间结构模型设计与制作"。题目要求在一个限定空间内，在满足强度及刚度的前提下，设计一个空间杆系结构，可承受静载、随机选位荷载及变方向水平荷载等多种工况。如图 6-8 所示，直径分别为 750mm 和 1100mm 的两个半球体之间的空间，采用竹材制作结构模型，结构形式不限，图中模型仅为示意图。

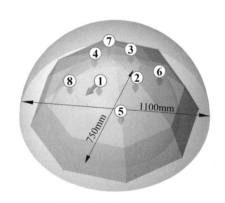

图 6-8 模型限定区域图

该模型将通过抽签选定一个方向作为水平加载方向，分三级荷载进行加载，加载装置如图 6-9 所示。第 1 级荷载在图 6-8 所示的 8 个点中每点施加 5.5kg 的竖向荷载；第 2 级荷载在 8 点中随机选出 4 点再施加 4~6kg 的竖向荷载，第 3 级荷载在图中的 ①点施加 4.5~8.5kg 的变化方向的水平荷载。在满足结构不倒塌、中心点位移不超限的情况下，越轻的结构可获得越高的分值，此部分承载力的分数最高分为 80 分，最后汇总理论方案（5 分）、结构体系（5 分）、结构制作水平（5 分）、现场答辩（5 分）等分值，综合评定出名次。完整题目可扫描右侧二维码查看。

第十二届赛题

178

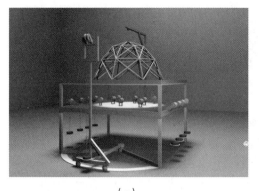
（a）

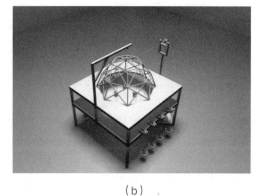
（b）

图 6-9 加载模型及装置 3D 示意图

（1）结构类型

图 6-10列出了部分的结构模型照片。本次大赛的结构类型丰富，有单层网壳结构、拱结构、刚架结构、刚架与拉索结合的结构等，充分体现空间结构的多样性。其中还有部分模型采用装配式施工方法（图 6-10h、i），这种方式不但可简化模型制作步骤，还可对模型施加预应力，充分体现了学生们的聪明才智。

本次大赛的结构模型主要由梁单元、杆单元、索单元 3 种单元组成。空间结构形式主要是刚性空间结构及刚柔性组合空间结构两种形式。由于本次模型体量不大，单元杆数相对较少，部分结构形式较难在文献中找到对应名称。在某些模型具体归类上，按照其某项较为明显的结构特性进行区分。图 6-11 给出了关于此次比赛结构模型的分类图。

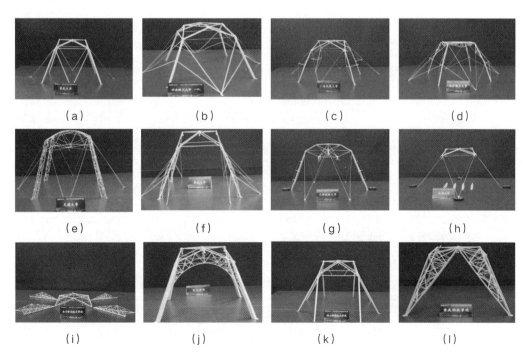

（a）　　　　（b）　　　　（c）　　　　（d）

（e）　　　　（f）　　　　（g）　　　　（h）

（i）　　　　（j）　　　　（k）　　　　（l）

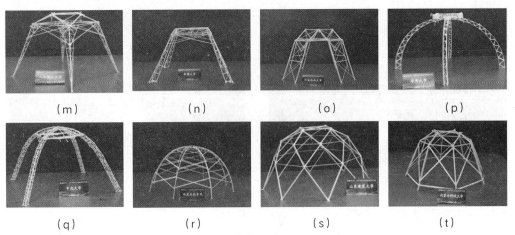

（m）　　　　　　（n）　　　　　　（o）　　　　　　（p）

（q）　　　　　　（r）　　　　　　（s）　　　　　　（t）

图 6-10　第十二届全国大学生结构设计竞赛主要结构模型类型

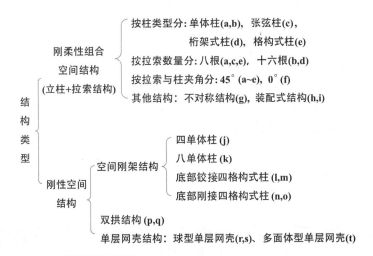

图 6-11　结构模型分类图

注：图中的字母与图 6-10 中分图号相对应

本次比赛中，获得较好成绩的大部分模型都采用刚柔性组合空间结构，这与董石麟院士在文献 [8] 中所提到的"刚柔性组合空间结构可充分发挥刚性与柔性建筑材料不同的特点和优势，构成合理的结构形式。刚柔性组合空间结构是今后，特别是现代空间结构发展的一个重要趋向。"非常吻合，也进一步表明学生从结构模型竞赛中对专业知识可得到更深入的理解。

（2）结构支柱、细部构造、胎架

本次比赛中，除有丰富的整体结构形式外，构件层次中如结构支柱，也形式众多。图 6-12 给出本次比赛中部分支柱图，由图中可见，选手不单在结构体系方面下工夫，在构件方面也进行精心设计。本次模型的支柱长度较长，对于如何避免柱子发生失稳破坏，同学们各出奇招，选用抗失稳性能良好的梭形柱、格构式柱、张弦式柱等形式。

本次模型结构存在着较明显的空间效应。如何将空间多方向的杆件连接在一起也是模型成功与否的一个关键。从图 6-13 的模型节点构造来看，选手们对这些细部的处理是非常到位的。在多杆件交汇处，有部分模型采用缩小构件端部尺寸，形成类似铰接点的做法，也有在各杆件间采用节点板连接或者采用竹粉填充间隙增加黏结面等做法，力求使节点构型精美、受力良好。

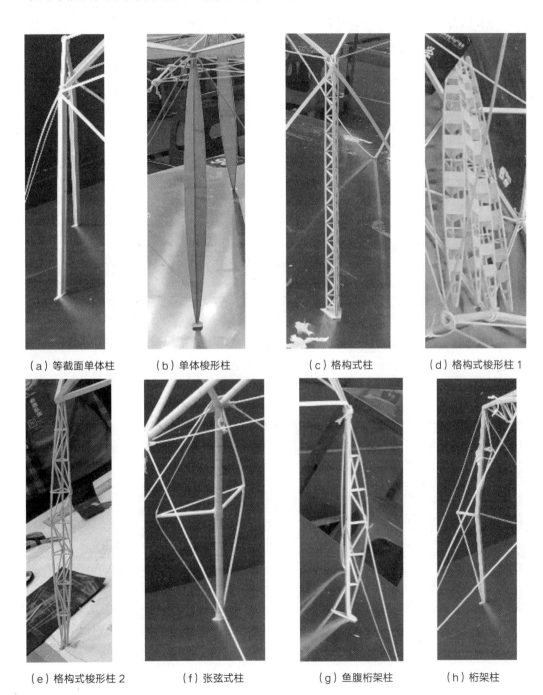

（a）等截面单体柱	（b）单体梭形柱	（c）格构式柱	（d）格构式梭形柱 1
（e）格构式梭形柱 2	（f）张弦式柱	（g）鱼腹桁架柱	（h）桁架柱

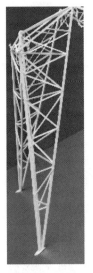   

（i）底部铰接格构式柱　　（j）双格构式柱 1　　　（k）双格构式柱 2　　　（l）三棱锥格构式柱

图 6-12 立柱形式

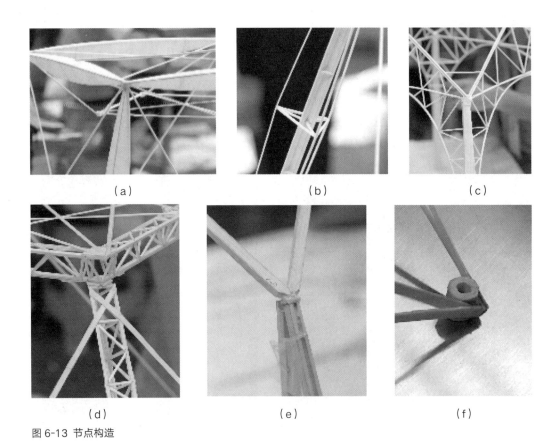

（a）　　　　　　　　　　　（b）　　　　　　　　　　　（c）

（d）　　　　　　　　　　　（e）　　　　　　　　　　　（f）

图 6-13 节点构造

本次比赛的空间节点定位及整体结构的成型均较为复杂，赛题设计本意也包括考查学生复杂空间节点设计安装的能力，从图6-14的比赛现场照片来看，不少组的同学都制作了支撑模型的胎架，用于模型空间定位，在整体结构制作完成后再拆去此部分临时支撑。模型制作过程对他们未来学习空间结构施工技术将很有帮助。

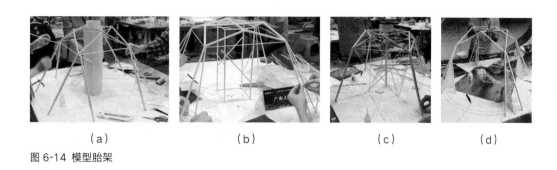

（a）　　　　　　　（b）　　　　　　　（c）　　　　　　　（d）

图 6-14 模型胎架

从以上几届全国大学生结构设计竞赛来看，在1~2m左右的模型尺度中，即使结构模型体系受到加载类型、边界条件等影响，结构类型仍然非常丰富，同学们依然不断创新结构体系，展示出优秀的想象力和创造力。

6.2 国外结构竞赛

6.2.1 ASCE/AISC 学生钢桥竞赛（SSBC）

学生钢桥竞赛（Student Steel Bridge Competition，简称SSBC）是由美国土木工程师协会（The American Society of Civil Engineers，简称ASCE）和美国钢结构研究院（American Institute of Steel Construction Inc，简称AISC）联合主办的一项传统学生结构设计竞赛。此赛事起源于1987年3所学校（劳伦斯理工学院、密歇根理工学院和韦恩州立大学）的校际竞赛。1992年，密歇根州立大学举办了第一届全美大赛，而后参赛队伍逐渐增多。竞赛内容是针对一座20ft（6.1m）左右长的钢桥进行设计、制作和施工。其目的是激励学生将课堂知识扩展到实际的钢结构设计项目中，提高他们的人际交往能力和专业技能，鼓励创新，并促进学生与行业专业人士之间的联系。如图6-15所示，课程学习及钢桥竞赛针对学生技能的培养，既有交集也有差异，两者若能结合起来可使学生的能力得到很大的提升。

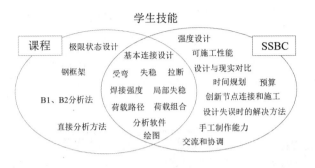

图 6-15 课程学习及 SSBC 对学生技能培养图

表 6-3 给出大赛的成绩变化，可见从首届比赛到近年的比赛，最轻的桥梁质量变为原来的约 1/9，最快的建造时间只需要原来的约 1%，而承载质量还有大幅度的提升。

大赛的成绩变化　表 6-3

项目	1987 年	2018 年
最轻的桥梁质量	1000 磅	112 磅
最快的建造时间	3h	1min 51s
承载质量	约为自重	可承载 2500 磅

以 2022 年的官方比赛为例进行说明。比赛在弗吉尼亚理工大学（Virginia Tech）举行，最后佛罗里达大学（University of Florida）夺得冠军。本届竞赛的内容是建造一个总长为 21ft（6.4m）的钢结构桥梁，这是一个与实际结构相对应的 1：10 比例模型。学生需事先对钢桥进行分析、设计图纸，并制作构件。钢桥构件是由构件和连接件组成的，由于现场不能进行焊接，连接件只能通过螺栓进行连接，所有钢材需符合官方要求。到了竞赛周，学生需首先将装配好的整体桥梁对公众进行展示，将其完全拆卸。正式比赛时，学生不得再对结构进行修改，学生对桥梁进行重新装配，计算建造用时。而后桥梁将承受水平荷载（50 磅力）和竖向荷载（2500 磅力作用于跨内）。竞赛的评分系统包括：结构质量、刚度、现场施工装配速度、经济性、外观、效率系数等多方面内容。更多细节详见竞赛手册。

目前，我国同济大学、河海大学、大连理工大学等学校参加过该项竞赛并取得了好成绩。

6.2.2 ASCE 混凝土轻舟赛（NCCC）

美国混凝土轻舟赛（National Concrete Canoe Competition，简称 NCCC）是美国土

木工程师协会（ASCE）举行的赛事，它为学生提供一个理论联系实际的机会。比赛在挑战学生的知识水平、创造力和体力的同时，也展示了混凝土作为建筑材料的多功能用途和耐久性。

NCCC 的历史可追溯到 20 世纪 60 年代，第一届的美国混凝土轻舟赛于 1988 年在密歇根大学举办，当时的冠军是加州伯克利大学。而后其他国家如德国、南非、加拿大、荷兰、日本、阿联酋等也相继开展此竞赛活动，我国也于 2010 年及 2011 年举行了两届水泥轻舟比赛。

2022 年在美国路易斯安那理工大学（Louisiana Tech University）举行的赛事是第 35 届全美的正式赛事，加利福尼亚州立理工大学（California Polytechnic State University, San Luis Obispo）取得了冠军。此次赛事要求建造一艘长 22ft（6.7m）、其他尺寸不作要求的混凝土轻舟。参赛队伍首先需设计轻舟外形，而后不断进行优化。确定船型后，队伍将制作轻舟龙骨模具。同时队伍需进行混凝土配合比设计，使得所配置的混凝土兼备高强度和低密度的性能。再通过混凝土浇筑养护、脱模成型、美化等步骤最终完成此项混凝土轻舟制作的工作。在竞赛周，参赛队需首先提交设计说明书，包括船体设计、结构分析（包括荷载工况，支座情况，力学分析）、材性试验、配合比、施工技术、施工图绘制、项目管理、创新性等多方面的内容。然后通过现场答辩环节，评委对船体施工质量及美观性进行评分。最后进入实战阶段，选手将通过多个赛事，包括男女的回转、耐力比赛等得到竞赛分数。设计书、答辩、施工质量、体育竞赛各占 1/4 的分数。更多细节可参见竞赛手册。

6.2.3 美国抗震设计竞赛（SDC）

美国抗震设计竞赛（Seismic Design Competition，简称 SDC）是由美国地震工程研究所（Earthquake Engineering Research Institute，简称 EERI）下属的学生领导委员会（Student Leadership Council's，SLC）组织的一项活动。SLC 原属太平洋地震工程研究中心（Pacific Earthquake Engineering Research Center，简称 PEER），2008 年归属美国地震工程研究所。

2022 年，此项竞赛在犹他州的盐湖城大学举行，由罗马尼亚的克卢日 - 纳波卡理工大学团队获得冠军，而亚军是美国的康奈尔大学团队。2022 年此赛事和我国第五届全国大学生结构设计竞赛较类似，均是采用振动台对一高层模型结构进行试验，但也存在不同之处。美国赛采用的是轻木材料（balsa wood），规定的楼层数为 13~19 层，允许结构采用阻尼器（须经过组委会的评估），包括结构模型、阻尼装置、底板和顶板等的结构总质量不得超过 2.2kg（5.0lb）。此次比赛定义了平面的尺寸限制：第1~7层的最大平面尺寸是12in×12in（305mm×305mm），且楼层中心部分的6in×6in（153mm×153mm）区域不得有构件；第8~10层和第16~19层的最大平面尺寸是12in×12in（305mm×305mm），在此中无构件限制；第11~15层的最大平面尺寸是中心区域的6in×6in（153mm×153mm）。美国赛的记分方法比较复杂，排名按照最终年度建筑收入进行排序（Final Annual Building Income，简称FABI），FABI由3个主要部分计算得到：①年收入（Final Annual Revenue，简称FAR）；②最终年度建设成本（Final Annual Building Cost，简称FABC）；③最终年度地震成本（Final Annual Seismic Cost，简称FASC）。计算公式是FABI=FAR-FABC-FASC。其中FAR指的是可通过租赁而带来的固定年度收益，与有效的建筑使用面积有关；FABC是考虑材料耗费及土地费用的建设成本，是结构模型质量及建筑面积的相关函数；FASC是结构抗震性能的相关函数，根据结构承受的地震作用（重现期为50年、300年）下的结构侧移，通过数学公式计算得出。细节可详见竞赛手册。

可见与我国的赛事相比，美国赛的建筑形式更接近于实际结构，计算成绩考虑因素更加丰富。

6.2.4 PCI钢筋混凝土大梁竞赛

大梁（Big Beam）竞赛是由美国预制/预应力混凝土协会PCI（Precast/Prestressed Concrete Institute）组织的一项竞赛活动，对学生深入了解钢筋混凝土结构很有帮助。

2021—2022年的竞赛题目是对一根20ft（6.096m）长的钢筋混凝土大梁进行设计、分析、施工及试验。此竞赛时间跨度比较大。参赛队伍只要在这个时间区间内完成比赛即可，但需通过录像方式记录试验过程。

竞赛评审标准包括：①准确性。大梁需能承载一个大于32kips（142.2kN）而小于39kips（173.3kN）的荷载，梁不得在20kips（88.9kN）的使用荷载下开裂，如有违反则扣分；②造价；③重量；④极限荷载作用下的最大挠度；⑤准确的极限荷载、开裂荷载及跨中挠度的预测计算；⑥报告的质量；报告需要包括对于混凝土配合比设计的讨论和对梁结构设计的说明；⑦实用性、创新性及对规范的遵循程度。其细节可详见竞赛手册。

6.2.5 意粉结构竞赛

意粉结构竞赛所用的材料是普通的食用意粉，由小麦粉和鸡蛋制成。用面食制作桥梁的竞赛起源于英国，在欧洲、亚洲和美洲的一些国家已经有很多年的传统。在匈牙利，SZIU Ybl Miklós（现已并入到 Szent István University 中）建筑和土木工程学院是意粉结构竞赛先驱者，而后 Bánki Donát College 也跟着举行相应竞赛。随后，此项赛事在全球也得到较广泛的发展。如加拿大的 Okanagan University College 举行了近 10 届的意粉桥梁竞赛，我国中山大学也举行了多届意粉结构竞赛。

第一次的意粉国际竞赛是在 2005 年举行的，有来自 4 个国家的队伍——匈牙利、罗马尼亚、斯洛伐克和塞尔维亚参加了竞赛。2006 年，来自 Győr 大学 Széchenyi Egyetem 的 Balázs Vida 取得 400kg 承载质量的好成绩并获得冠军。2008 年，来自 Óbuda 大学的 Szilárd Márkos 以 560.3kg 的成绩刷新纪录。2017 年，伊朗队以 666.3kg 的负重能力获得冠军并创造新的世界纪录。

6.2.6　阿拉斯加冰拱竞赛

每年 ASCE 会在阿拉斯加地区的 University of Alaska Fairbanks 举办一次 ICE ARCH 的冰拱竞赛。竞赛要求用冰构建一座冰拱结构。这项传统赛事是该地区学生非常热爱的一项活动。早期的比赛允许采用钢材制作拱支座，再浇水冻成冰拱的做法，此时钢支座可是结构的一部分。而现在的比赛要求采用冰砖砌筑冰拱，相对而言难度更大，学生必须建造底部的木支撑结构直到冰拱完全建成后拆除。但此赛事不要求进行加载试验。这种就地取材的做法，非常能激发学生的兴趣。我国幅员广阔，除全国赛外，各地的竞赛应尽可能地发挥地域特色，从材料、造型方面多做文章。目前该比赛仍在进行，随着全球变暖，比赛的冰拱尺寸相较以前发生变化，所要求的尺寸变小，以适应更高的温度。

6.2.7　瑞典查尔姆斯理工大学的木桥竞赛

查尔姆斯理工大学结构设计挑战赛（Chalmers Structural Design Challenge，简称 CSDC）是一项由学生发起的建筑竞赛，每年与工业界合作举行。其中最有名的一项挑战是查尔姆斯桥梁建筑大赛（Brobyggartävlingen）：学生团队需根据标准设计一座大约 13m 长的木桥并进行实际搭建，有时学生还会步行通过木桥来验证桥梁的安全性。竞赛的结果将由建筑师和工程师组成的评审团进行评判，如图 6-16 所示。

图 6-16 比赛实景图

6.3 国内外结构竞赛的对比探索

本章对我国部分省级以上大学生结构设计竞赛进行了介绍，也简单介绍了一些国外的竞赛资料。所搜集的资料中，美国的比赛占大多数，这表明美国教育非常看重结构设计竞赛在土木工程教学中的作用。对目前国内的竞赛进行分析，可发现有如下的特点：

（1）从队伍规模来看，全国赛的参数队伍可超过 100 支。自 2017 年全国大学生结构设计竞赛实行新赛制后，每年举行校、省和全国三级大学生结构设计竞赛，激发数百所高校、万支队伍和万名学生踊跃参赛，表明我国结构大赛的群众基础非常好。

（2）从竞赛的结构类型上看，我国竞赛的结构类型很丰富，包括桥梁、高层建筑结构、体育场类结构、体育馆结构、塔式起重机结构、海洋平台结构、空间结构等。不少结构类型在国外竞赛中尚未见到。

（3）从竞赛的荷载形式上，我国结构竞赛的荷载形式多样，有静荷载、动荷载、冲击荷载、风荷载、地震作用、波浪荷载等，已基本包含各种工程荷载作用，部分荷载类型未在国外竞赛中出现。

（4）竞赛成效显著，具体体现在：①增强学生理论联系实践的意识；②发挥学生创新能力；③提高学生动手能力；④提高学生试验水平；⑤增强学生计算机应用水平；⑥培养团队精神及增强人际沟通能力；⑦增强跨学科的研究能力。

但与国外的竞赛相比，我国的结构设计竞赛还存在着一定的不足：

（1）国内结构设计竞赛的材料与实际的建筑材料差别较大。除部分地区级竞赛，如华东地区竞赛出现过现浇混凝土结构外，其他竞赛主要以纸、轻木、有机塑料为主。而作为建筑主要材料的钢材和混凝土很少见。而国外竞赛均采用过钢材、混凝土。

未来我国的结构赛事可进一步改进，例如可考虑类似美国钢桥竞赛或混凝土轻舟赛中选用指定材料在校内制作，并到现场进行组装的比赛方式。我国幅员辽阔，各地区建材差异也很大。可借鉴美国阿拉斯加冰拱竞赛，在地区级的结构竞赛中，多考虑本地的地域特色，因地制宜地设置一些具有地方特色的结构造型、材料特征的竞赛活动。

（2）国内结构设计竞赛的模型比例偏小。结构试验中的尺寸效应具有很大的影响，越接近足尺的模型越能反映工程实际情况。我国的结构大赛，桥梁类的水平结构跨度多在 1m 左右，而高层建筑类的竖向结构高度也常不超过 1m。这些与国外的1：10 钢桥模型、1：1 钢筋混凝土大梁等竞赛活动相比，模型比例偏小。这一问题与我国竞赛体制中要求现场 2 天制作模型是直接相关的，虽然很大程度上保证了比赛的公平，但同时也导致模型比例过小的问题。

通过对国内外结构设计竞赛的对比研究，可以发现在竞赛规模、结构类型、荷载形式、对学生能力的培养方面，国内竞赛已非常成熟；但在模型材料选用、模型比例、与实际工程结合程度上还存在着不足。可借鉴国外的成功经验使我国的结构设计竞赛更上一层楼。

6.4 结语

本课程来源于竞赛，其与结构竞赛存在着密不可分的关系。一方面，学生可在课堂上掌握"基本分析能力＋综合应用能力＋问题解决能力"的递进能力，另一方面，热爱结构模型试验的同学可进一步参加省级、国家级结构竞赛，也可进一步参与各项科研创新项目。

 习题

6-1 通过图书馆、互联网等进行调研，搜索有意思的结构模型试验项目。
6-2 提出一项个人感兴趣的结构相关课题，利用本课程学到的知识开展进一步的研究。

附录

附录1~附录6提供了《结构模型概念与试验》这门课程教学大纲、成绩评分标准、试验项目安全评估备案表、实验室守则、报告撰写模板、报告范例等,可供师生参考。

附录1 《结构模型概念与试验》课程教学大纲

一、课程基本信息

1. 课程编号:＿＿＿＿＿＿＿
2. 课程体系/类别:专业领域课
3. 课程性质:必修课/选修课
4. 学时/学分:16学时/1学分
5. 先修课程:理论力学、材料力学
6. 适用专业:土木工程
7. 课程负责人:＿＿＿＿＿＿＿;核准院长:＿＿＿＿＿＿＿

二、课程目标及学生应达到的能力

通过结构概念设计的教学,使学生初步掌握整体结构的概念,并且以大学生结构竞赛模型设计为切入点,培养学生的创新能力。利用便于加工的材料制作受力结构并进行结构模型试验,锻炼学生的动手能力,引导学生应用所学专业知识解决实际问题;使学生能够理论联系实际,同时得到工程师基本技能的训练。通过本课程的学习,要求学生理解结构概念设计的意义,初步掌握结构体系和整体结构的概念;学生需针对预定问题完成包括结构模型的设计、制作及试验的全过程,并完成一份完整的试验报告,对试验结果进行分析,得出试验结论。在教学中注重强化学生工程伦理教育,培养学生精益求精的大国工匠精神,激发学生科技报国的家国情怀和使命担当。

课程目标及能力要求具体如下:

课程目标1:通过课程的教学,使学生初步掌握结构体系和整体结构分析的概念,得到工程师基本技能的训练;设计出项目所需要的方案,培养学生的创新能力。

课程目标2:能够针对项目目标,通过模型试验及报告,检验结构模型的力学性能。在此过程中锻炼学生的动手能力,学生可增强理论联系实际的技能,能应用所学专业知识解决实际问题。

课程目标3：通过分小组进行项目研究，培养学生的团队协作能力。

课程目标4：通过分组讨论，上台演讲，培养学生的沟通能力及表达能力。

不同课程目标对毕业要求的支撑关系如附表1-1所示。

课程目标对毕业要求的支撑关系 附表1-1

毕业要求	毕业要求指标点	课程目标对毕业要求的支撑关系
3. 设计（开发）解决方案	3.3 能够对工程设计、施工方案进行比较、优化和开发，提出复杂工程问题的解决方案时具有整体意识和创新意识	课程目标1
4. 研究	4.1 针对土木工程专业的复杂工程问题，具有设计和实施实验的能力	课程目标2
9. 个人和团队	9.1 在解决土木工程专业的复杂工程问题时，能够在多学科环境中具有主动与他人合作和配合的意识，能独立完成团队分配的任务	课程目标3
10. 沟通	10.1 能够就土木工程专业的复杂工程问题与业界同行及社会公众进行有效沟通和交流，包括撰写报告和设计文稿、陈述发言、清晰表达或回应指令	课程目标4

注：国际工程教育认证中提出的毕业要求，目前高校中尚无统一条文，本表中毕业要求和毕业要求指标点来源于华南理工大学土木与交通学院教学手册中的培养方案部分，读者可根据本校特点进行调整。

三、课程教学内容与学时分配表（附表1-2）

课程教学内容与学时分配表 附表1-2

序号	知识单元/章节	知识点	教学要求	推荐学时	教学方式	支撑课程目标
1	理论学习及思政教育	思政教育及结构基本知识	1. 思政教育 将中国目前的发展战略融合在课堂中，强调爱国理念、建设伟大国家，培养职业道德和敬业精神； 2. 讲解整体结构概念体系，解释结构分析设计的基本原则； 3. 讲解常见的结构形式，荷载估算，结构简化计算法	4	讲授	1
2	方案阶段	结构模型方案	1. 以全国或其他级别的大学生结构设计竞赛模型为参考，提出拟完成的结构模型； 2. 学生分组讨论结构体系	2	讲授、讨论	2、3、4
3	分析计算	结构分析	1. 学生在课外先完成模型的简化计算； 2. 在课堂上讨论计算规律，分析对比各种方案并最终确定试验模型	2	自学、讨论	2、3、4

序号	知识单元/章节	知识点	教学要求	推荐学时	教学方式	支撑课程目标
4	试件制作及试验	结构试验 ①试验一：结构模型静载试验 ②试验二：结构模型动载试验	1.提出试验方案（包括加载方案和测试方案）； 2.制作结构试验模型； 3.可在此同时进行结构试加载，对模型进行优化； 4.实施试验； 5.记录原始数据； 6.试验结果整理 采用方便手工制作的材料，制作如高层建筑、桥梁、桁架结构等模型。对此模型进行静载试验，考察其结构的位移及应变情况，与理论分析进行对比，研究结构的力学性能。 主要仪器设备与软件：静载加载台、应变仪、位移计、静态数据采集软件 采用方便手工制作的材料，制作如高层建筑、桥梁、桁架结构等模型。对此模型进行动载试验，考察其结构的变形情况或加速度变化情况，初步了解研究结构的动力性能。 主要仪器设备与软件：动载加载台、加速度计、动态数据采集软件	6	试验	2、3
5	试验总结及撰写报告	分析报告	思政教育：通过试验分析，总结结构破坏特征，结合工程事故案例，强化学生工程伦理教育，培养学生精益求精的大国工匠精神。 1.进行试验的总结汇报 2.撰写试验报告，报告内容需包括： 1）描述试验目的、试验对象、试验方法及试验步骤； 2）试验成果处理与分析（要求图、文、表并茂）； 3）试验结论； 4）试验体会。 基本要求：所制作的模型必须能完成所有的设定目标，尽量进行优化，并完成全部的试验内容及试验报告	2	汇报	2、3、4

四、课程教学方法

课程的教学包括课堂教学、方案设计与讨论、模型制作及试验、试验反思、试验报告等教学步骤，采用传统讲授法、项目驱动法、分组讨论法、试验教学法等多种教学手段。

1. 传统讲授法

（1）理论与实践结合的教学方法。在课堂教学过程中引用工程项目作为案例，将课本内容与实际相结合，提升学生学习兴趣。

（2）多媒体教学与板书教学相结合。制作包含音频、视频、图片的多媒体 CAI 课件进行教学，并对关键公式的推导及重点难点问题进行板书阐述，实现传统教学方法与现代教学方法的有机结合。

（3）课内、课外学习相结合。要求学生在课内要牢固掌握基础知识，而在课外要拓宽知识面，将所学知识应用到实践中去。

（4）充分应用现代信息技术。通过课程教学网站发布教学课件、重点难点、作业、学习资源等，实现学生课余的自主学习和远程学习。建立在线答疑平台，及时与学生进行沟通。

2. 项目驱动法

本课程以项目为驱动，设立若干明确的试验目标（学生也可进行自主选题）及分析目标。

组织形式及要求如下：

（1）学生从教师给定的题目中选择或自主选择题目，以小组为单位进行，每个人的分工与责任需明确，并在报告中提供小组研讨情况记录及说明。

（2）选题应围绕不同结构模型进行研究。撰写研究报告或给出设计结果。

3. 分组讨论法

在方案确定阶段，各小组在课堂上汇报其模型方案、结构构思、三维模型、初步计算结果并接受同学提问。在总结阶段，各小组汇报其结构方案及结构试验结果之间的区别，进行反思并提出改进建议。

4. 试验教学法

学生在课外制作结构试验模型，在教师指导下提出试验方案（包括具体的加载方案和测试方案）并实施结构试验。

五、课程的考核环节及课程目标达成度自评方式

1. 课程的考核环节

课程的考核以考核学生能力培养目标的达成为主要目的，以检查学生对各知识点的掌握程度和应用能力为重要内容，包括平时成绩及期末报告两部分。

相应地，课程总评成绩由平时成绩和期末报告成绩两部分加权而成，平时成绩、期末成绩及总评成绩均为百分制，在总评成绩中，平时成绩和期末成绩所占的权重分别为 α_1 和 α_2，α_1 和 α_2 的权重范围分别占 25%~40% 和 60%~75%。

各考核环节所占分值比例也可根据教学安排进行调整，建议值及考核细则如附表 1-3 所示。

考核环节分值及考核细则   附表 1-3

课程成绩构成及比例	考核环节	目标分值	考核 / 评价细则	对应的课程目标
平时成绩 100 分，占总评成绩的比例为 α_1	课堂演讲、试验研究	100	主要考核学生的课堂 PPT 演讲（包括方案构思、表达能力、试验反思）以及试验中的表现（团队协作、试验方案）等	1、2、3、4
期末报告 100 分，占总评成绩的比例为 α_2	试验报告	100	主要考核学生的项目研究成果（包括模型理论分析、试验结果分析）等	1、2

2. 课程目标达成度评价方式

课程目标达成度评价包括课程分目标达成度评价和课程总目标达成度评价，具体计算方法如下：

$$课程分目标达成度 = \frac{总评成绩中支撑该课程目标相关考核环节平均得分}{总评成绩中支撑该课程目标相关考核环节目标总分}$$

$$课程总目标达成度 = \frac{该课程学生总评成绩平均值}{该课程总评成绩总分(100分)}$$

课程目标评价内容及符号意义说明如附表 1-4 所示，字母 A、B 则分别表示学生平时成绩与期末报告的平均得分，其中，$A= A_1+A_2+A_3+A_4$，$B= B_1+B_2$；A_1 对应课程目标 1 的得分（就是 PPT 报告中的方案得分）；A_2 对应课程目标 2 的得分（对应现场试验表现）；A_3 对应课程目标 3 的得分（就是试验中的团队表现得分）；A_4 对应课程目标 4 的得分（就是 PPT 报告时的表达能力得分）；B_1 为期末报告中对应课程目标 1（方案及理论分析）的得分，B_2 为期末报告中对应课程目标 2（试验过程描述及结果分析）的试题得分。

课程目标评价内容	平时成绩				期末考试		课程总评成绩
	课程目标1(方案)	课程目标2(试验)	课程目标3(团队)	课程目标4(表达)	课程目标1(方案)	课程目标2(试验)	
目标分值	20	20	30	30	50	50	100
学生平均得分	A_1	A_2	A_3	A_4	B_1	B_2	$\alpha_1 A + \alpha_2 B$

课程目标达成度评价值计算如附表 1-5 所示。

课程目标达成度评价值计算　　　　　　　　　　　　附表 1-5

课程目标	考核环节	目标分值	学生平均得分	各课程目标达成度计算示例
课程目标 1	平时成绩(1)	20	A_1	$\dfrac{\alpha_1 A_1 + \alpha_2 B_1}{20\alpha_1 + 50\alpha_2}$
	期末报告(1)	50	B_1	
课程目标 2	平时成绩(2)	20	A_2	$\dfrac{\alpha_1 A_2 + \alpha_2 B_2}{20\alpha_1 + 50\alpha_2}$
	期末报告(2)	50	B_2	
课程目标 3	平时成绩(3)	30	A_3	$\dfrac{A_3}{30}$
课程目标 4	平时成绩(4)	30	A_4	$\dfrac{A_4}{30}$
课程总体目标	总评成绩	100	$\alpha_1 A + \alpha_2 B$	课程总目标达成度 $= \dfrac{\alpha_1 A + \alpha_2 B}{100}$

六、本课程与其他课程的联系与分工

本课程的先修课程有理论力学、材料力学等,这些课程是本课程的基础理论课。

七、教学参考书

除本教材外,读者还可参考以下图书辅助教学和学习。

1. 季天健,Bell A J,Ellis B R. 结构概念:感知与应用 [M].2 版 . 北京:高等教育出版社,2018.

2. 杨俊杰,崔钦淑 . 结构原理与结构概念设计(简明土木工程系列专辑)[M]. 北京:中国水利水电出版社,2006.

3. 金伟良 .2005 第一届全国大学生结构设计竞赛作品选编 [M]. 北京:中国建筑工

业出版社，2006.

4. 顾祥林 . "金风杯" 第三届全国大学生结构设计竞赛作品集锦 [M]. 上海：同济大学出版社，2010.

5. 季静，陈庆军，王燕林 . "富力杯" 第十二届全国大学生结构设计竞赛作品集锦 [M]. 武汉：武汉理工大学出版社，2018.

6. 林同炎，斯多台斯伯利 S D. 结构概念和体系 [M].2 版 . 高立人，方鄂华，钱稼茹译 . 北京：中国建筑工业出版社，1999.

附录2 成绩评分标准（附表2-1、附表2-2）

《结构模型概念与试验》平时成绩评分标准　　附表2-1

类别	项目	分值	优秀（100 > $S_1 \geqslant 90$）参考标准	良好（90 > $S_1 \geqslant 80$）参考标准	中等（80 > $S_1 \geqslant 70$）参考标准	及格（70 > $S_1 \geqslant 60$）参考标准	不及格（$S_1 < 60$）参考标准	评分 S_1
平时成绩	PPT报告中的方案得分	20	能很好地进行模型方案的分析研究	能较好地进行模型方案的分析研究	基本能进行模型方案的分析研究	能勉强进行模型方案的分析研究	不能进行模型方案的分析研究	
	现场试验表现	20	学习态度认真，严格遵守实验室纪律	态度比较认真，组织纪律较好	学习态度尚好，遵守组织纪律	学习不太认真，组织纪律较差	学习马虎，纪律涣散	
	试验中的团队表现得分	30	能形成团队进行试验，分工清晰，过程顺利	能形成团队进行试验，分工较为清晰，过程较为顺利	基本能形成团队进行试验，分工较为清晰，过程基本顺利	勉强能形成团队进行试验，分工不明确，过程不太顺利	不能形成团队进行试验，分工混乱，过程混乱	
	视频报告时的表达能力得分	30	很好地进行方案讲解。语言清晰，表达准确。在结构试验完毕后可很好地对试验结果进行总结分析	较好地进行方案讲解。语言较为清晰，表达较为准确。在结构试验完毕后可较好地对试验结果进行总结分析	能进行方案讲解。语言基本清晰，表达基本准确。在结构试验完毕后能对试验结果进行总结分析	基本能进行方案讲解，语言不太清晰，表达不太准确。在结构试验完毕后能勉强对试验结果进行总结分析	基本不能进行方案讲解。表达混乱，语言含糊。在结构试验完毕后不能对试验结果进行总结分析	
总分		100						

注：按100分计算，再折算到总分。

类别	项目	分值	优秀（100 > $S_2 \geqslant 90$）	良好（90 > $S_2 \geqslant 80$）	中等（80 > $S_2 \geqslant 70$）	及格（70 > $S_2 \geqslant 60$）	不及格（$S_2 < 60$）	评分 S_2
			参考标准	参考标准	参考标准	参考标准	参考标准	
试验报告	报告中的方案及理论分析	50	能很好地完成任务书规定的工作量。报告符合规范化要求。报告结构严谨，逻辑性强，论述层次清楚，语言准确，文字流畅。理论知识正确，有详细的方案及理论分析过程	能较好地完成任务书规定的工作量。报告达到规范化要求。报告结构合理，符合逻辑，层次分明，语言准确，文字通顺。理论知识正确，有较详细的方案及理论分析过程	按时完成任务书规定的工作量。报告基本达到规范化要求。报告结构基本合理，层次较为分明，文理通顺。理论知识较正确，有一定的方案及理论分析过程	能基本完成任务书规定的工作量。报告勉强达到规范化要求。报告结构有不合理部分，逻辑性不强，论述基本清楚，文字尚通顺。理论知识基本正确，有一定的方案及理论分析过程	没有完成任务书规定的工作量。报告达不到规范化要求。报告内容空泛，结构混乱，文字表达不清，错别字较多。报告写作格式不规范，内容不完整。缺乏方案及理论分析过程	
	报告中的试验过程描述及结果分析	50	试验步骤叙述真实、合理、全面。试验数据真实，试验结果合理。总结体会深刻，有写出自己的见解、体会和收获等	试验步骤叙述较为真实、合理、全面。试验数据真实，试验结果较合理。总结体会较深刻，有写出自己的见解、体会和收获等	试验步骤叙述较真实、合理、全面。试验数据真实，试验结果基本合理。有一定的总结体会	试验步骤叙述基本真实、合理、全面。试验数据真实，试验结果基本合理。有一定的总结体会	试验数据不真实，试验结果不合理。没有总结体会	
总分		100						

注：按 100 分计算，再折算到总分。

附录3 试验项目安全评估备案表（附表3-1）

试验项目安全评估备案表　　　　　　　　　　　附表 3-1

实验项目名称	结构模型试验		编号		学时	6
面向课程名称 1	结构模型概念与试验		面向课程代码 1			
面向专业	土木工程		项目第一设计人			
项目主要信息						
试验原理与内容	本试验课包括结构模型静力试验和结构模型动力试验两个部分。学生通过模型设计、模型试验、数据分析等环节，理论联系实际，初步了解结构体系的受力特点及模型结构在静动力下的响应，对结构变形、结构破坏形态产生感观认识，同时让学生掌握试验仪器的使用方法					
涉及试验仪器设备	名称	操作内容或用途				
	振动台系统	承载模型并模拟水平地震作用的加载				
	振动台配套钢框架	对振动台试验中的重物加以限制，防止其跌落				
	位移计	用于测量试验中模型的位移				
	砝码	作为静力试验中模型加载的重物				
	加载装置	包括加载托盘等，用于荷载的施加				
以下内容由评估小组填写						
试验环节存在的危险因素	动力试验中可能由于模型垮塌导致重物掉落造成危险。 静力试验中可能由于加载重量过大，模型突然破坏，加载装置及砝码掉落而砸伤参与试验的人员。 学生在使用热熔胶枪将模型固定在加载台上时，可能由于操作不熟悉触碰到枪头，烫伤手指					
现有的防范措施	使用振动台系统配套的钢框架可有效防止重物甩出，同时设置警戒带，学生在安全区域观看加载过程。 尽可能降低砝码加载位置与地面或试验台面的距离，合理铺设泡沫板等，使砝码砸落无危险，并建议加载学生佩戴安全帽。 学生使用热熔胶枪前进行培训并掌握操作，同时可请高年级学生进行从旁指导					
防范措施有效性分析与建议	针对提出的危险因素，现有的防范措施基本可防止危险情况的发生，建议加强现场秩序的管理，划分现场加载及观看区域，减少试验现场的不确定因素					
应急处理办法	当重大事故发生造成学生受伤，应停止试验，立即拨打校医院电话，将学生送医					

评估小组签名	学院主管领导审核
全体成员签名： 　　　　　　　　　年　月　日	（审核本表所填内容） （公章） 签名：　　　　　　　　　年　月　日
（如"防范措施有效性分析与建议"提出具体的要求，请完成整改后再申报备案） 评估小组意见落实情况	
评估小组组长审核评估建议落实情况	学院主管领导审核
签名：　　　　　　　　　年　月　日	（审核评估意见落实情况,如未落实不可同意申报备案） （公章） 签名：　　　　　　　　　年　月　日
实验室与设备管理处	

接收 时间	年　月　日

附录 4　实验室守则

学生必须按照教学计划规定的时间到实验室上实验课，不得迟到、早退，不得穿背心、拖鞋进入实验室。

进入实验室，必须遵守实验室的一切规章制度。应保持安静，不准高声谈笑，不准吸烟，不准随地吐痰和乱扔纸屑杂物。

实验时不能动用与本实验无关的仪器设备和室内其他设施。

课前要做好预习，明确实验目的，没有预习或预习不充分者，实验指导教师有权推迟或停止其实验。

每次实验前，学生以实验小组为单位，由组长向实验指导教师领用所需仪器设备及工具，或当场清点实验室预先准备好的仪器设备及工具，如有不符，立即报告实验指导教师，给予补发或更换。

在实验过程中，要独立操作，细心观察，认真记录实验数据，密切注视实验中出现的各种现象，以此作为分析实验结果的依据。

在实验过程中，要严格按照操作规程操作，注意人身、设备安全，听从指导老师安排。

实验过程中出现事故要保持镇静，及时采取切断电源等措施，防止事故扩大，并注意保护现场，及时向指导教师报告。

实验完成后，必须认真清理实验仪器和工具，清扫现场，经实验指导教师检查合格后，方可离开实验室。

凡损坏仪器设备、工具和器皿者，应主动说明原因，写出损坏情况报告，接受检查，由实验指导教师酌情处理。

凡属违章操作或擅自动用其他仪器设备造成损坏者，由事故人写出书面检查，视认识程度和情节轻重按制度赔偿部分或全部损失。

凡违反实验室有关规定者，实验室人员有权进行批评教育，情节严重的要及时向有关领导报告，以便及时做出处理。

附录5　报告撰写模板

前言

_____年_____月_____日～_____月_____日，本小组成员针对桥梁仿真竞赛、塔式起重机模型试验、顶部集中质量振动台模型试验（或风洞结构模型试验）及身边的结构等4个题目进行研究，完成以下报告。

本小组的队名为："_____"，寓意是_____。

小组成员包括：_____，队长为：_____。各队员名称分别为：_____，负责工作分别是_____。

小组合照为：[插入照片]

从左到右依次为：_____

一、桥梁仿真竞赛题目（示例）

（一）概述

针对如下一个跨度_____m的虚拟桥梁进行结构设计。其中钢材采用_____，屈服强度_____MPa，弹性模量_____MPa，密度_____kN/m^3，桥面板采用_____mm厚_____板。该桥梁设计目标是可允许_____kN重卡车安全通过。

（二）方案构思过程

【说明选择此桥梁方案，基于什么思路，是如何进行优化的。（插入逐步优化的方案图）】

（三）结果文件

本桥梁的设计结果如附图5-1所示：

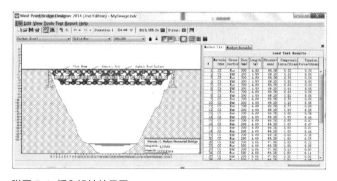

附图5-1　插入设计结果图

造价性息如下所示：

Project ID：00001D-aaa

…

Type of Cost　Item　Cost Calculation　Cost

Material Cost（M）Carbon Steel Solid Bar（58995.0 kg）×（$4.50 per kg）×（2 Trusses）=$530,955.24

Connection Cost（C）（22 Joints）×（500.0 per joint）×（2 Trusses）=$22,000.00

Product Cost（P）42-200×200 mm Carbon Steel Bar（%s per Product）=$1,000.00

Site Cost（S）Deck Cost（11 4-meter panels）×（$5,000.00 per panel）=$55,000.00

Excavation Cost（0 cubic meters）×（$1.00 per cubic meter）=$0.00

Abutment Cost（2 standard abutments）×（$5,500.00 per abutment）=$11,000.00

Pier Cost　No pier = $0.00

Cable Anchorage Cost No anchorages =$0.00

Total Cost　M+C+P+S　$530,955.24+$22,000.00+$1,000.00+$66,000.00 = $619,955.24

具体的杆件信息如附表 5-1 所示。

杆件信息表 附表 5-1

NO.	Material Type	Cross Section	Size（mm）	Length（m）	Compression Force（kN）	Compression Strength（kN）	Compression Status	Tension Force（kN）	Tension Strength（kN）	Tension Status
1	CS	Solid Bar	200×200	4	1507.22	6990.99	OK	0	9500	OK
*	*	*	*	*	*	*	*	*	*	*

二、塔式起重机模型试验（示例）

（一）概述

静载模型为一塔式起重机结构模型。采用_____材料制作。要求能在规定的底座上，制作要求的塔式起重机结构。试验目的是检验结构模型在静载作用下的结构内力和变形。具体要求是：_____

【插入相关图形要求】

（二）结构选型

（1）方案构思

_____

（2）结构选型

_____

（三）结构建模及主要参数

利用材料力学试验仪器对各种材料的力学性能进行测定。

【插入图形】

经过试验研究，取定_____的弹性模量 $E=$_____MPa，抗拉及抗压强度分别为_____MPa。

（四）结构分析

利用_____软件进行结构分析，结果如下。

【插入内力图和应力图】

（五）模型制作

结构制作过程如下：_____

（六）模型静载试验

结构试验过程如下：_____

（七）试验数据分析

（1）试验承载力分析

_____

（2）试验变形值分析

_____

（八）参加本次试验后的收获体会或建议

【需每个同学分别写出对静载试验体会或对课程的建议】

三、小型振动台模型试验或风洞结构模型（示例）

（一）概述

振动台模型：动载模型为顶部放置集中质量的多层结构模型，采用_____材料制作。顶部集中质量通过将铁块置于钢箱中实现，铁块数量可根据需要调整，钢箱直接放置于塔顶。多层结构模型由队员制作，并通过螺栓和钢压条固定于振动台上。试验目的是检验结构模型在基底加速度作用下的结构响应。具体要求是：_____

【插入相关图形要求】

风洞结构模型：动载模型尺寸不超过 160mm×160mm，横截面形状不限，高度 $H=400$mm，采用_____材料制作。模型内部根据自身结构特征搭建支撑骨架，端部、侧面等外表面通过竹皮或纸密封，不能出现漏风现象。确保模型刚度足够大，风作用下不能过大振动。确保模型两端平整且与侧面垂直（尽量处于同一水平面，方便

后续试验固定）。固定在风洞实验室铝合金板上。试验目的主要是关注结构在气流作用下的静力作用。具体要求是：_____

【插入相关图形要求】

（二）结构选型

（1）方案构思

_____

（2）结构选型

_____

（三）结构建模及主要参数

利用材料力学试验仪器对各种材料的力学性能进行测定。

【插入图形】

经过试验研究，取定_____的弹性模量 $E=$_____MPa，抗拉及抗压强度分别为_____MPa。

（四）结构分析

*（本部分学有余力的同学可自行完成）

振动台模型：利用_____软件进行结构的时程分析，其结构顶部加速度响应如_____所示。

【插入结果图】

风洞模型：利用规范进行结构的体型系数计算。

（五）模型制作

结构制作过程如下：_____

（六）模型动载试验

结构试验过程如下：_____

（七）试验数据分析

振动台模型：绘制出结构不同位置的加速度反应图。

【插入结构加速度反应图】

风洞模型：计算出不同风向的阻力系数、升力系数、扭矩系数，并绘制结构力系数随攻角的变化曲线图。

【插入曲线图】

计算过程：_____

（八）参加本次试验后的收获体会或建议

【每个同学分别写出对动载试验的体会或对课程的建议】

四、身边的结构

针对身边的结构，动手制作一个简单模型或针对一个现有的结构或者模型，讲解一个结构概念，如刚度、强度、稳定、结构体系等，需配上图片和说明。

附录6　报告范例

报告范例 1

报告范例 2

参考文献

[1] 陈至立. 辞海（缩印本）[M].7 版. 上海：上海辞书出版社，2020.

[2] 中国建筑科学研究院. 工程结构设计基本术语标准：GB/T 50083—2014[S]. 北京：中国建筑工业出版社，2014.

[3] 张学文，罗旗帜. 土木工程荷载与设计方法 [M].2 版. 广州：华南理工大学出版社，2007.

[4] 孙训方. 材料力学（I）[M].6 版. 北京：高等教育出版社，2019.

[5] 马瑞欧·G·索尔瓦多瑞. 从洞穴到摩天大楼 [M]. 北京：科学普及出版社，1987.

[6] 老亮. 材料力学史漫话——从胡克定律的优先权讲起 [M]. 北京：高等教育出版社，1993.

[7] 武际可. 力学史 [M]. 上海：上海辞书出版社，2010.

[8] 董石麟. 空间结构的发展历史、创新、形式分类与实践应用 [J]. 空间结构，2009，15（3）：22-43.

[9] 杨新. 张择端清明上河图卷 [EB/OL].[2022-06-30].https：//www.dpm.org.cn/collection/paint/228226.html.

[10] 全国大学生结构设计竞赛委员会.《全国大学生结构设计竞赛通讯》2020 年（总第 1 期）[EB/OL].2020-04-28[2022-06-30].http：//www.structurecontest.com/datacenter/newsdetail?id=2214.

[11] 季静，陈庆军，王燕林."富力杯"第十二届全国大学生结构设计竞赛作品集锦 [M]. 武汉：武汉理工大学出版社，2018.

[12] American Society of Civil Engineers.Student Steel Bridge Competition[EB/OL].[2022-06-30].https：//www.asce.org/communities/student-members/conferences/student-steel-bridge-competition/.

[13] American Institute of Steel Construction.SSBC Past Competition Results[EB/OL].[2022-06-30].https：//www.aisc.org/education/university-programs/student-steel-bridge-competition/results/.

[14] American Institute of Steel Construction.Student Steel Bridge Competition 2022 Rules[EB/OL].[2022-06-30].https：//www.aisc.org/globalassets/aisc/university-programs/ssbc/scoresheets/2022/2022_virginia-tech.pdf.

[15] American Society of Civil Engineers.ASCE Concrete Canoe Competition[EB/OL].[2022-06-30].https：//www.asce.org/communities/student-members/conferences/asce-concrete-canoe-competition/.

[16] American Society of Civil Engineers.2022 American Society of Civil Engineers oncrete Canoe Competition，Request For Proposals [EB/OL].[2022-06-30].https：//www.asce.org/-/media/asce-images-and-files/communities/students-and-younger-members/documents/2022-asce-ccc-rfp.pdf.

[17] Earthquake Engineering Research Institute.Seismic Design Competition（SDC）[EB/

OL].[2022-06-30].https：//slc.eeri.org/aboutsdc/.

[18] Earthquake Engineering Research Institute.Nineteenth Annual Undergraduate Seismic Design Competition（SDC）, Official Rules[EB/OL].[2022-06-30].https：//slc.eeri. org/wp-content/uploads/2022/02/Official-Rules-2022.pdf.

[19] Precast/Prestressed Concrete Institute（PCI）.PCI Big Beam Competition[EB/OL]. [2022-06-30].https：//www.pci.org/bigbeam/.

[20] Richardson J.UAF student engineers look to past for ice arch inspiration[EB/OL]. 2021-03-22[2022-06-30].https：//news.uaf.edu/uaf-student-engineers-look-to-past-for-ice-arch-inspiration/.

[21] Chalmers Structural Design Challenge.VÄLKOMMEN TILL CSDC![EB/OL].[2022-06-30].https：//csdc.se/.